ELLEN ZACHOS

PLANTAS MÍTICAS

Pociones y venenos
de los
jardines de los dioses

Hestia

Un sello de Editorial Pinolia, S.L.
Calle de Cervantes, 26
28014, Madrid

Primera edición: junio de 2025

Diseño de Reagan Ruff
Ilustración de cubierta de Lisel Jane Ashlock
Ilustraciones adicionales: Pixel Embargo/Shutterstock (p. xvi, 105, 192);
Shutterstock (iconos de apertura)

Depósito legal: M-12708-2025
ISBN: 979-13-87852-00-9

Corrección y posedición: Sofía Soltero
Montaje de cubierta: Óscar Álvarez
Impresión y encuadernación: Liberdúplex, S.L.

Printed in Spain - Impreso en España

Para John, cuyo aliento, investigación incansable y opiniones feroces hicieron que este libro fuera más divertido de escribir y más interesante de leer. Poco podíamos imaginar, cuando me regalaste mi primer Teofrasto, que acabaríamos aquí.

ÍNDICE

Introducción

Cuando Prometeo robó el fuego de los dioses y se lo dio a los humanos, lo escondió dentro del tallo de un hinojo gigante. A los griegos antiguos que esperaban para consultar a los oráculos, les daban cannabis como parte de sus rituales de purificación. Una fruta de membrillo fue la que desencadenó la guerra de Troya. La diosa Deméter estaba tan destrozada cuando Hades secuestró a su hija, que hizo que el invierno cubriera la Tierra y murieran todas las plantas.

En la mitología griega, las plantas se usaban para todo: herramientas, para intoxicarse, hacer la guerra, alimentarse, curarse, hacer magia y rituales. Algunas de esas plantas eran reales y todavía existen hoy en día; otras eran puramente mitológicas, con poderes que solo podemos imaginar. Una planta muy especial se creía extinta desde hace milenios, pero gracias a técnicas modernas de laboratorio y a una exploración incansable, se ha hecho un descubrimiento fascinante que podría reescribir la historia botánica.

La mitología es ficción. Casi siempre. Las aventuras increíbles, los héroes más grandes que la vida misma, los romances épicos… todo eso nos atrapa. Sabemos que no son reales, pero hay una parte de nosotros que quiere creer que sí. Y muchas veces, escondido en los detalles mitológicos, hay un granito de verdad. Por algo seguimos leyendo estas historias una y otra vez, miles de años después de que se escribieran. Porque enganchan. Son emotivas, intensas, dramáticas y seductoras. Parecen hablar de dioses, pero en el fondo son profundamente humanas, y hablan de triunfos y fracasos, de deseo y desesperación.

Y cuando mezclas lo mitológico con algo tan real y tangible como las plantas, esos mitos empiezan a sonar un poco más verdaderos. Explorar estas leyendas desde la perspectiva de la jardinería o la botánica nos ayuda a entender por qué eran tan importantes para quienes las crearon. Las plantas bajan las historias a la tierra. Y saber que algunas de ellas realmente tienen los poderes y propiedades que se cuentan en los mitos... hace que todo cobre otra dimensión, más cercana, más real.

¿Te gustaría usar milenrama, como hacía Aquiles, para frenar el sangrado de un corte cuando no tienes una tirita a mano? Tal vez quieras recolectar frutos del árbol casto, como hacían las mujeres atenienses, para aliviar los síntomas del síndrome premenstrual. Puede que acabes plantando un jardín completamente mitológico, lleno de remedios herbales, frutas sabrosas y flores hermosas.

Incluso las plantas totalmente inventadas son interesantes. ¿Vas a lanzar una manzana dorada para enamorar a alguien? Probablemente no. Pero ahora que sabes que eso existía en los mitos... ¿a que te da curiosidad saber más?

¿Quiénes eran los dioses griegos?

Aunque los Olímpicos —llamados así porque la mayoría vivía en el monte Olimpo (excepto Hades, que vivía en el Hades... sí, es un poco confuso, digamos que vivía en el Inframundo)— son los dioses más conocidos de la mitología griega, en realidad eran la tercera y cuarta generación de seres inmortales dentro del panteón griego.

Al principio de todo estaban Urano y Gea, o sea, el Cielo y la Tierra. Sus hijos fueron los Titanes, entre ellos Cronos y Rea, que además de hermanos... eran pareja. Cronos castró a su padre y se quedó con el trono; luego, como le daba miedo que uno de sus hijos le hiciera lo mismo, se los fue comiendo uno por uno en cuanto nacían. Pero Rea, harta, lo engañó envolviendo una piedra en pañales y dándosela a Cronos como si fuera el recién nacido Zeus. Zeus fue escondido y criado en la isla de Creta, y cuando creció, obligó a su padre a vomitar a sus hermanos, que salieron enteritos y ya crecIditos. Después vino la famosa guerra contra los Titanes, que ganaron Zeus y los suyos. Cronos fue enviado al Inframundo y no se supo más de él.

Zeus se convirtió en el rey de los Olímpicos. Gobernaba el cielo y la tierra con rayos y truenos, y sus incontables líos amorosos (con mortales de ambos sexos, ninfas y diosas) volvían loca de celos a Hera, su esposa… y hermana.

Entre sus hermanos estaban Hera, diosa del matrimonio y la familia, y esposa oficial de Zeus (con todo lo que eso implicaba); Poseidón, dios del océano; Hades, dios del inframundo; Perséfone, diosa de la cosecha (aunque también es famosa por ser raptada por Hades); y Hestia, la a menudo olvidada diosa del hogar. Con el tiempo, Hestia fue reemplazada como Olímpica por Dioniso, el dios del vino, que era hijo de Zeus con una mortal llamada Semele.

Afrodita no fue hija de nadie —literalmente—, sino que surgió del mar, de la espuma que salió cuando los genitales de Urano cayeron al agua después de que Cronos se los cortara (sí, mitología griega al 100 %).

Elresto de los Olímpicos eran hijos de esos seis originales. Atenea, diosa de la guerra y la sabiduría, nació de la cabeza de Zeus, sin madre de por medio. Hefesto, dios del fuego y la forja, nació de Hera, sin padre alguno. Ares, dios de la guerra (la versión más salvaje y sangrienta), era hijo de Hera y Zeus. Los gemelos Apolo (dios de la música y la luz) y Artemisa (diosa de la caza) eran hijos de Zeus y la Titánide Leto. Hermes, el mensajero de los dioses, nació de Zeus y una ninfa llamada Maya.

También había montones de dioses menores, inmortales pero con bastante menos poder que los Olímpicos. Las tres Moiras decidían cuánto vivía cada mortal y cómo iba a morir. Los cuatro vientos eran cada uno un dios. Helios era el dios del sol, Selene la diosa de la luna, e Iris la diosa del arcoíris. Némesis era el dios del castigo, y Morfeo el dios de los sueños. Básicamente, había un dios o diosa para cada cosa.

Y luego estaban las ninfas. Algunas eran inmortales, otras solo vivían un montón de años. Había miles: ninfas de los árboles (dríades), del mar (nereidas), del agua dulce (náyades), de las montañas (oreadas)... Muchas estaban ligadas a un lugar o elemento específico de la naturaleza, y si eso moría, la ninfa también. Todas eran femeninas, y aunque no todas hacían magia, muchas tenían línea directa con los doce grandes del Olimpo.

¿Qué es lo que realmente define a un héroe?

A veces, los protagonistas de los mitos no son dioses, sino héroes. Muchas veces, tenían algo de sangre inmortal corriéndoles por las venas, y aunque eso podía darles algún superpoder, no los hacía inmortales. Si había sangre mortal en el árbol genealógico, por muy poca que fuera, la mortalidad se heredaba sí o sí. De hecho, ser mortal puede que fuera parte esencial de ser un héroe, porque lo que hace memorables a estas historias es justamente esa mezcla de hazañas épicas con una muerte trágica (y muchas veces evitable).

Hércules (o Herakles, en griego) era hijo de Zeus y de una humana, Alcmena. Se hizo famoso por superar los Doce Trabajos, tareas casi imposibles que tuvo que cumplir para redimirse tras matar a su esposa e hijos. (Ojo, que no fue culpa suya; Hera lo volvió loco con una maldición). Era un semidiós desde que nació, pero aun así, cuando su segunda esposa lo envenenó, el dolor fue tan brutal que él mismo construyó su pira funeraria y se lanzó al fuego para acabar con el sufrimiento. Solo después de morir, Zeus lo inmortalizó y se lo llevó al Olimpo. Pero antes de eso, Hércules tuvo que pasar por una muerte dolorosa y muy humana, a pesar de su linaje divino.

Aquiles, por su parte, era hijo del mortal Peleo y de Tetis, una ninfa del mar. Tetis intentó hacerlo inmortal, pero con un padre mortal, eso era imposible. Aquiles sabía que iba a morir, pero —a diferencia de la mayoría de nosotros— él podía elegir cómo. En el libro 9 de la *Ilíada*, cuenta que su madre le mostró dos futuros: una vida corta, pero con gloria eterna, o una vida larga y sin pena ni gloria. Y como buen héroe, eligió el camino de la fama.

Odiseo (o Ulises), en cambio, era mortal de pies a cabeza, aunque más listo que la media. Se le ocurrió la idea del caballo de Troya, venció al cíclope y hasta fue al Hades y volvió. Pero no pudo salvar a sus hombres, y terminó regresando solo a Ítaca, tras diez años de viaje. Tampoco pudo salvarse a sí mismo: le advirtieron que moriría por algo relacionado con el mar, y así fue. Su hijo desconocido (que tuvo con Circe) lo mató con una lanza cuyo filo estaba impregnado con veneno de mantarraya. Poético, ¿verdad?

Muchos héroes griegos fueron venerados después de morir, con cultos y seguidores que levantaron santuarios en su honor: a Heracles, a Aquiles, a Odiseo… todavía los recordamos hoy en día. Pero ojo, considerarlos iguales a los dioses sería tentar a la furia de Zeus.

¿Quién escribió estas historias?

A muchos nos enseñaron que Homero fue quien escribió la *Ilíada* y la *Odisea*. Nos contaron que era un poeta ciego que iba de un lado a otro por toda Grecia, recitando sus poemas épicos varios siglos después de la guerra de Troya. Pero bueno… esa versión simplificada ya no la compra todo el mundo. Hoy en día, los expertos coinciden en que estos poemas fueron transmitidos oralmente durante generaciones, y que varios poetas dejaron en ellos su impronta antes de que alguien los escribiera por fin.

Aunque para los expertos en clásicos este tema puede ser de vital importancia, lo cierto es que determinar quién escribió qué no es tan relevante para lo que nos interesa aquí: las plantas en la mitología. De hecho, muchos mitos tienen varias versiones, y cada una tiene lo suyo. Diferentes autores contaban la misma historia, pero con su propio estilo o con algún giro distinto. Al final del libro encontrarás una lista de todos los autores mencionados, junto con los títulos de sus obras más conocidas y las fechas en que vivieron.

Y ya que hablamos de fechas, las historias que hemos recopilado aquí se sitúan, principalmente, entre el 800 a. C. y el 200 d. C. Así como hoy hablamos de épocas como «la Revolución Industrial», «el periodo de posguerra» o «la era de la información», también tenemos nombres para los distintos periodos de la antigua Grecia:

» **El periodo arcaico** (c. 750–480 a. C.) incluye a los poetas Homero y Hesíodo. Son autores fundamentales, a quienes se les atribuye haber sentado las bases de la mitología griega tal como la conocemos.

» **El periodo clásico** (479–323 a. C.) abarca el periodo entre la guerra contra los persas y la invasión de Asia por Alejandro Magno. Entre los escritores griegos más famosos de esta época están los historiadores Heródoto y Tucídides, y los dramaturgos Aristófanes, Eurípides, Sófocles y Esquilo.

» **El periodo helenístico** (322–31 a. C.) empieza con la muerte de Alejandro Magno y termina con la batalla de Accio y la caída del último reino helenístico que quedaba en pie (el Egipto ptolemaico, gobernado por Cleopatra). En esta época, el historiador Diodoro Sículo escribió su *Bibliotheka Historica* en cuarenta volúmenes, y varios autores romanos —como Ovidio y Virgilio— también escribieron sobre mitología griega durante ese mismo periodo.

Estos escritores no solo contaban historias, también nos dan pistas sobre cómo veían los antiguos griegos su propia mitología. Como pasa con cualquier religión, había quienes se tomaban los mitos al pie de la letra, y otros que los veían más como metáforas o enseñanzas. La mitología griega servía para enseñar lecciones, explicar lo que no se podía entender… e incluso, en algunos casos, para manipular a la gente.

¿Dónde estaba la antigua Grecia?

Hoy en día, Grecia es un país pequeño en el este del Mediterráneo. Tiene poco más de 10 millones de habitantes y es un destino vacacional muy querido por historiadores, amantes de la playa y fans del ouzo. Pero en el primer milenio a. C., los griegos exploraban y fundaban colonias por todo el Mediterráneo y hasta alrededor del mar Negro. Estas colonias incluyeron, en distintos momentos, partes de lo que hoy son Italia, Francia, España, Egipto, Turquía, Libia, Yugoslavia, Croacia, Montenegro, Serbia, Albania, Bulgaria, Rumanía, Macedonia, Georgia, Rusia, Ucrania y Moldavia. A esto se le conocía como *Magna Graecia*, es decir, la Gran Grecia.

A medida que las ciudades-estado griegas crecían, la gente se quedaba sin tierra para cultivar y sin sitio donde vivir. Así que buscaban lugares estratégicos para fundar nuevas colonias, fijándose en los recursos naturales que pudieran explotar y exportar, y también en rutas de comercio seguras para los viajes largos. Muchas veces, una ciudad griega mandaba un grupo de colonos a fundar una nueva ciudad, que seguía conectada con su «ciudad madre». Pero esas relaciones no siempre duraban mucho: las ciudades madre exigían impuestos, soldados y acuerdos de comercio exclusivos… y eso, como imaginarás, a menudo acababa en rebeliones.

Gracias a esa expansión territorial en su época dorada, los griegos antiguos tenían acceso a muchísimas más plantas que las que hay hoy en Grecia. Plantas valiosas como el cannabis o el silfio se importaban desde tierras lejanas; ingredientes y recetas para medicinas o venenos —como la mirra o el nepente— se copiaban de los pueblos colonizados; y hierbas y frutas como las manzanas dulces o los membrillos se fueron sumando poco a poco a la dieta griega. Si pensamos que en algún momento los griegos colonizaron desde las estepas rusas hasta el delta del Nilo, no sorprende que tantísimas plantas acabaran formando parte de sus mitos.

Dos cosas más...

Nunca hay suficientes páginas en un libro para contar todo, y en este caso no he podido incluir las citas de mis fuentes aquí. Pero créeme, las tengo controladas. Si a alguien le interesa profundizar en la investigación, puede encontrar todas las referencias en: mythicplants.com/citations.

Ah, y por cierto: los nombres de lugares, héroes y obras escritos en este libro aparecen, por lo general, también con la transcripción más fiel al griego. Hasta hace poco, se usaban versiones romanizadas, pero las transliteraciones modernas intentan parecerse lo más posible a cómo se escribían originalmente en griego. Por ejemplo, en griego no existe la letra «c», así que Hércules era «Herakles» e Ítaca era «Ithaka». En los casos donde cito traducciones más antiguas, encontrarás las versiones viejas, menos precisas. Prometo que no es tan lioso como suena.

Así que ponte cómodo, que voy a contarte una historia —o, mejor dicho, varias— sobre plantas poderosas que salieron directamente de los jardines de los dioses.

El árbol genealógico de la primera familia disfuncional

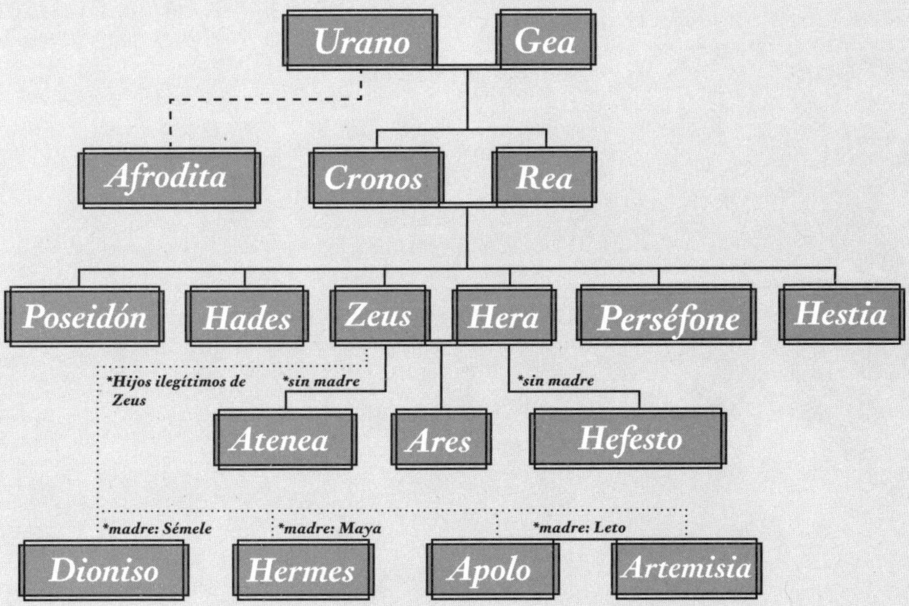

EMBRIAGANTES

Vid

Cebada

Mandrágora

Hierbas voladoras

Cannabis

Adormidera

Vid

Vitis vinifera

Aunque a los griegos antiguos les gustaba comer alguna que otra uva o pasa como tentempié, la verdad es que cultivaban la vid principalmente para hacer vino, que era una parte esencial de su cultura. Y no era solo por el sabor o la fiesta: el vino era un regalo del dios Dioniso.

Dioniso tiene dos historias de origen. La menos conocida lo presenta como Zágreo, hijo de Zeus y Perséfone (sí, lo que significa que Zeus era a la vez su padre y su abuelo). En la *Dionisíaca*, un poema épico del siglo v d. C. escrito por el poeta griego Nono, se describe la seducción: Zeus se disfrazó de dragón y se le apareció a Perséfone en la noche. «Le lamió el cuerpo suavemente con labios enamorados. De esa unión con el dragón celestial, el vientre de Perséfone se hinchó con fruto viviente, y dio a luz al pequeño Zágreo con cuernos».

A Hera no le hizo ni pizca de gracia y ordenó a los Titanes que despedazaran a Zágreo y se lo comieran, cosa que hicieron sin problema. Pero Atenea intervino y logró salvar el corazón del niño, que Zeus luego implantó mágicamente en el cuerpo de la mortal Semele, quien dio a luz a Dioniso versión 2.0.

Hablando de Semele, la mayoría de los expertos coinciden en que ella fue la madre de Dioniso. Pero, como de costumbre, Hera se puso celosa (porque Zeus había tenido *otro* hijo ilegítimo) y planeó su venganza. Fingió hacerse amiga de Semele y le metió la idea de que, si Zeus la amaba de verdad, debía mostrarse ante ella con su forma divina. Y claro, la gloria del inmortal Zeus era demasiado para una pobre mortal: Semele estalló en llamas. Zeus alcanzó a sacar a Dioniso del vientre en el último segundo y lo cosió a su propio muslo hasta que llegó el momento del parto. Con eso, Zeus se convirtió en padre y madre de Dioniso, lo que permitió que el niño fuera completamente inmortal. Porque recuerda: basta una gota de sangre mortal para que el hijo de un dios no pueda ser inmortal.

Algunos estudiosos sostienen que Dioniso en realidad venía de la India, Frigia o Tracia. Pero hay evidencia en Micenas que muestra su nombre escrito en tablillas de arcilla en Lineal B (la forma más antigua conocida del griego escrito), lo que prueba que ya se lo conocía como un dios griego hacia el 1400–1200 a. C. Aunque no fue parte del grupo original de los doce Olímpicos, varias versiones cuentan que Hestia, diosa del hogar, cedió su lugar en el Olimpo con toda la buena onda para que Dioniso pudiera unirse al grupo.

¿Y cómo acabó Dioniso siendo el dios del vino? Bueno, la vid lleva el nombre de Ámpelo, un joven tracio del que Dioniso estaba profundamente enamorado. En las *Metamorfosis*, Ovidio cuenta que Ámpelo murió recogiendo uvas, pero hay una versión más jugosa en el poema de Nono. Ahí se dice que Ámpelo estaba montado en un toro salvaje y se le ocurrió burlarse de Selene, la diosa de la luna. Selene se vengó haciendo que el toro lo corneara hasta matarlo. Dioniso quedó devastado. Tanto, que hasta Átropos —una de las tres Moiras, encargadas de decidir cuánto vive un mortal— se compadeció y transformó a Ámpelo en la primera vid, dándole una forma de inmortalidad.

Cuando Dioniso bebía el vino hecho con la vid de Ámpelo, se alegraba, sabiendo que su amado estaría siempre con él. El vino alivió el dolor de Dioniso… y el de todos los que lo bebieran.

Dioniso le regaló el arte de hacer vino a un ateniense llamado Icaro, que lo había recibido con hospitalidad. (La hospitalidad era cosa seria para los griegos antiguos. Véase el capítulo sobre el tilo). Icaro compartió su vino con unos pastores de la zona, pero nadie había probado el vino antes y nadie tenía idea de lo que era estar borracho. Así que, cuando los pastores empezaron a sentirse raros, pensaron que Icaro los había envenenado... y lo mataron. Quizás por eso, en la antigua Grecia se consideraba de bárbaros beber vino sin rebajar. Casi siempre se diluía con agua en proporciones variables, aunque lo más común era una parte de vino por tres de agua. Resultado: una bebida mucho menos alcohólica, y también menos propensa a terminar en tragedia.

En la *Odisea*, Ulises se une a «los hombres en el banquete del vino», y Telémaco le dice que «beba su vino entre los suyos». Casi mil años después, Plutarco, escribiendo sobre los *symposia* (esas famosas reuniones donde los atenienses se juntaban a comer, beber y arreglar el mundo), dijo: «El vino anima a algunos hombres, les da confianza y seguridad, pero no una arrogancia odiosa, sino algo agradable y encantador».

Eso sí, en la antigua Grecia, no todo el mundo podía disfrutar por igual del regalo de Dioniso. Los hombres griegos creían que las mujeres tenían una tendencia natural a la embriaguez, y los *symposia* eran prácticamente eventos solo para hombres. Las mujeres solo podían estar presentes como sirvientas, prostitutas, artistas o chicas del aulós (una especie de flauta), que solían ser esclavas. En la *Odisea*, lo más cerca que llega una mujer al vino es cuando prepara la copa para su señor y amo.

Quizá si las mujeres hubieran podido beber socialmente, no habrían acabado convirtiéndose en ménades, las seguidoras salvajes de Dioniso. Con las ménades no se jugaba. Eran mujeres que abandonaban sus «deberes femeninos» para seguir al dios del vino. Bebían, bailaban con éxtasis y sensualidad... y si alguien se atrevía a faltar al respeto a Dioniso, lo despedazaban sin dudarlo.

Además de ser una bebida embriagante, el vino se usaba con fines medicinales en la antigua Grecia. Los textos hipocráticos lo recetan para un montón de cosas. Por fuera, se aplicaba en heridas y fracturas, se usaba en cataplasmas para la histeria y servía para calmar un recto inflamado (sí, así de específico). Para tratar la diarrea posparto, se mezclaba vino oscuro con uvas, granada, queso de cabra y harina. Y a los hombres que querían tener hijos se les recomendaba beber vino oscuro sin diluir… pero no tanto como para acabar borrachos.

La vid silvestre crece de forma natural en muchas regiones de Grecia, y hay evidencia arqueológica que demuestra la presencia de uvas desde el Pleistoceno, es decir, hace más de once mil años. En el norte de Grecia se han encontrado semillas que datan de entre el 4500 y el 2000 a. C., mostrando la transición de las uvas silvestres a las cultivadas. Para la Edad del Bronce (aprox. 3000 a 1200 a. C.), el cultivo de la vid ya estaba bien establecido. Y hacia el 300 a. C., Teofrasto escribió bastante sobre cómo cultivar uvas, dando consejos prácticos sobre cómo reproducirlas y plantar distintas variedades.

Algunos enófilos modernos menosprecian los vinos griegos, pero fueron los griegos quienes introdujeron por primera vez el cultivo de la vid a los romanos (hacia mediados del segundo milenio a. C.) y luego a Marsella (en lo que hoy es Francia), ciudad que fundaron alrededor del 600 a. C. Hoy en día, los vinos italianos y franceses son mucho más conocidos, pero los vinos griegos modernos están ganando reconocimiento y respeto. Algunas variedades de uva griegas con milenios de historia están siendo usadas hoy para producir vinos premiados, y países como Sudáfrica, Australia e Italia están empezando a plantar esas mismas variedades.

De hecho, puedes comprarte una botella del mismo vino tinto (*Limnio*) que usó Odiseo para emborrachar al cíclope Polifemo antes de matarlo con una lanza. Solo asegúrate de mantenerte lejos de los objetos punzantes.

Cebada

Hordeum vulgare

Deméter era la diosa de la cosecha, madre de Perséfone y la que nos regaló todos los cereales. Puede que también haya sido la inventora de la horchata. La horchata moderna, que muchas veces se hace con cebada, se asocia con culturas hispanohablantes, pero la palabra «horchata» viene del latín *hordeum*, que significa «cebada».

En la antigua Grecia, la bebida hecha con cebada se llamaba *kykeon*, que significa «bebida mezclada». Algunos *kykeones* llevaban vino, pero el de Deméter estaba hecho con cebada. Y no solo era una bebida refrescante: también podía ser una bomba embriagante. Además, el *kykeon* era una parte fundamental de los misterios eleusinos, la celebración del regreso de Perséfone a la tierra (véase «Narciso»).

Los misterios eleusinos se celebraban en la ciudad de Eleusis, que es donde Deméter se detuvo mientras buscaba a su hija, raptada por Hades. Allí, disfrazada de anciana, aceptó cuidar al hijo del rey. La madre del niño le ofreció una copa de vino, pero Deméter la rechazó: no era apropiado beber vino mientras estaba de luto por su hija. En su lugar, pidió un *kykeon* especial hecho con agua, cebada y poleo. Puede que eso no suene muy apetitoso, pero recuerda que hoy en día la horchata es una bebida refrescante que se puede hacer con cebada, arroz, semillas o chufa, combinada con agua y, a veces, también con hierbas y especias.

Los misterios eleusinos eran una festividad abierta a todos los griegos, excepto a asesinos y bárbaros (para los griegos, «bárbaro» era cualquiera que no hablara su idioma). Durante nueve días en otoño, miles de personas celebraban la reunión de Deméter y Perséfone y el inicio de la temporada de siembra. A veces se describen los misterios como orgiásticos, pero revelar los detalles del ritual era delito capital, así que hoy sabemos muy poco de lo que pasaba realmente en Eleusis.

Lo que sí sabemos es que los griegos se tomaban muy en serio lo de mantener los misterios... misteriosos. En el año 415 a. C., un escándalo político sacudió Atenas: alguien mutiló los *hermas* (unas piedras sagradas dedicadas a Hermes, talladas con caras y falos) y se profanaron los misterios. Se acusó a ciudadanos particulares de recrear los rituales en sus casas, disfrazándose de sacerdotes e incluso sirviendo el *kykeon*. No cuesta imaginarse a un grupo de hombres, pasados de *kykeon*, saliendo a causar estragos con los *hermas*. Si aquello fue algo parecido a una broma universitaria... no salió nada bien. Hubo ejecuciones.

Mientras que la profanación de los misterios quedó bien documentada, el contenido exacto del *kykeon* sigue siendo un misterio. Lo que sí está claro es que era parte central de la ceremonia y se consumía tras tres días de ayuno y una noche entera de baile. Como los misterios han sido descritos muchas veces como «extáticos», muchos historiadores creen que en la receta había alguna sustancia alucinógena, junto con la cebada, el agua y el poleo.

Quizá algún ingrediente psicoactivo fue lo que llevó a los participantes a ese estado de éxtasis. Muchos aseguraban sentirse uno con los dioses y creían que sus almas eran inmortales. La muerte no era más que una etapa del ciclo de la vida, algo por lo que se pasaba, no algo que temer. Como Perséfone, morirían y volverían a nacer. Claro que también es posible que, después de tres días sin comer y una noche entera bailando (básicamente una rave antigua), ya estuvieran bastante embriagados sin necesidad de nada más. Aun así, no es nada descabellado pensar que

alguna droga estuviera involucrada. Algunos estudiosos creen que el *kykeon* podía llevar opio, pero habría sido difícil conseguir suficiente cantidad para abastecer a los miles de participantes que llegaban a Eleusis cada año. La amapola más común en Grecia era la amapola silvestre *(Papaver rhoeas)*, que no tiene propiedades psicoactivas.

El cornezuelo, sin embargo, es un fuerte candidato a ser el ingrediente intoxicante del *kykeon*. Crece en más de trescientas especies distintas de pasto (sí, los cereales pertenecen a esa familia), incluida la cebada, y tiene una historia fascinante. En la Edad Media, el envenenamiento por cornezuelo mató a decenas de miles de personas en Europa y se cree que tuvo algo que ver con los juicios por brujería de Salem. Comer cereales infectados con cornezuelo puede causar alucinaciones, además de temblores físicos y trances que hacen que la gente parezca poseída. Aunque el cornezuelo tiene también un uso medicinal (como abortivo y para inducir el parto), calcular la dosis adecuada es complicado, porque cada especie contiene diferentes niveles de alcaloides. Una intoxicación prolongada con cornezuelo puede provocar alucinaciones, convulsiones... y una muerte bastante dolorosa.

La ergotamina, una sustancia presente en el cornezuelo, se usa hoy en día en dosis muy pequeñas para tratar migrañas y cefaleas en racimo, normalmente combinada con cafeína. También es un precursor en la síntesis del LSD, que actualmente se emplea con fines terapéuticos, especialmente para ayudar a pacientes terminales a enfrentar el miedo a la muerte. El *kykeon* hacía algo parecido con los participantes de los misterios: tras el ritual, muchos aseguraban haber llegado a aceptar la muerte como parte del ciclo natural de la vida, en vez de verla como algo aterrador. Hoy en día, la cebada se usa sobre todo para hacer cerveza o como alimento para animales, aunque también se cultiva para consumo humano. Por suerte, el cornezuelo ya no es un problema habitual en la agricultura. No existe ningún fungicida eficaz contra él, pero sí se han desarrollado mejores prácticas de cultivo que reducen mucho su aparición. Así que puedes prepararte una horchata ancestral con cebada moderna (y sin cornezuelo, por favor). Puede que no llegues a unirte con los dioses, pero oye, hidratarse sigue siendo importante.

Mandrágora

Mandragora spp.

Los rumores sobre los poderes mágicos de la raíz de mandrágora circulan desde la época de los antiguos griegos hasta hoy, cuando Harry Potter y sus amigos trasplantan mandrágoras chillonas en Hogwarts. Pero que eso no te haga pensar que la mandrágora es una planta de ficción. ¡Para nada! Las mandrágoras existen, aunque la efectividad de algunos de sus supuestos usos... ya es otra historia.

Históricamente, la mandrágora (*Mandragora* spp.) se ha utilizado con fines medicinales, y sobre todo como anestésico. Aristóteles decía que se usaba para «inducir el sueño», y Platón la describía como un agente que atonta. Hipócrates la recomendaba para aliviar pensamientos suicidas, y Dioscórides la menciona con decenas de aplicaciones: desde usar una copa entera para anestesiar a pacientes antes de una cirugía, hasta mezclar veinte granos de jugo de mandrágora con miel y agua para expulsar la flema (aunque advertía que una dosis excesiva podía ser letal). También decía que cinco granos bastaban como abortivo, y que combinada con agua podía curar tumores escrofulosos.

Teofrasto también describía a la mandrágora como una medicina todoterreno, útil para tratar la gota, el insomnio y las infecciones bacterianas de la piel. Explicó la sabiduría popular sobre cómo debía recolectarse esta poderosa raíz... aunque antes de entrar en detalles, nos advierte que «las siguientes ideas pueden parecer exageradas y poco relevantes».

> ***Se decía, entonces, que había que trazar tres círculos alrededor de la mandrágora con una espada, y cortarla mirando hacia el oeste. Al cortar la segunda parte de la raíz, había que bailar alrededor de la planta y decir tantas cosas como fuera posible sobre los misterios del amor.***

Esa última frase conecta directamente a la mandrágora con los filtros amorosos. De hecho, Afrodita a veces era conocida como *Mandragoritis*, es decir, «la de la mandrágora».

La asociación entre la mandrágora y los afrodisíacos también se reforzaba por la forma de su raíz principal, gruesa y en forma de horquilla. A menudo se divide en dos partes que se parecen a piernas humanas, y los bultos y protuberancias irregulares se interpretaban como senos o genitales. La idea de que la raíz de mandrágora podía despertar el deseo y favorecer la fertilidad siguió viva hasta bien entrado el siglo XVII, cuando John Donne escribió eso de: «haz que una raíz de mandrágora quede embarazada».

Además de ser un afrodisíaco, la mandrágora era una droga de fiesta en la antigua Grecia. Como los griegos solían rebajar el vino con agua (véase «Vid»), su vino era mucho menos fuerte que el nuestro. Para subirle el nivel de embriaguez, solían añadirle hierbas al cuenco de vino... y la mandrágora era una de ellas. Las recetas modernas para hacer vino de mandrágora recomiendan macerar un poco menos de una onza de raíz seca en una botella de vino. ¡Con precaución, eso sí!

En la antigua Grecia circulaban rumores de que desenterrar una raíz de mandrágora podía matar al que lo intentara. Dioscórides cuenta que, para evitar ese destino, se ataban perros hambrientos a raíces medio excavadas, y luego se los atraía con un pedazo de carne cruda para que arrancaran la planta. Al menos tenían su última cena asegurada. Hoy en día, algunos estudiosos creen que estas historias de peligro al recolectar mandrágora

se contaban para evitar que la gente saliera en masa a saquear esta valiosa planta.

Existen varios mitos sobre el origen de la mandrágora. Uno de ellos aparece cuando Jasón parte en busca del vellocino de oro y consigue el corazón —y la ayuda mágica— de Medea, hija del rey que custodiaba el tesoro. En la *Argonáutica*, Apolonio de Rodas describe cómo Medea usó la «hierba de Prometeo» para volver a Jasón invulnerable al fuego y al bronce. Probablemente también le echó un poquito de filtro amoroso, de paso.

Brotó como primogénita cuando el águila devoradora, sobre los ásperos flancos del Cáucaso, dejó caer en la tierra el icor —esa sangre divina— del torturado Prometeo. Y su flor apareció a un codo del suelo, del color del azafrán de Coricia, creciendo en dos tallos; pero bajo la tierra, la raíz era como carne recién cortada... Y entonces la tierra oscura tembló y bramó cuando se cortó la raíz titánica; y el hijo de Jápeto gimió, su alma destrozada por el dolor.

Algunos estudiosos modernos creen que esta «hierba de Prometeo» era, en realidad, mandrágora. Y la descripción que da Apolonio —una flor color azafrán y una raíz con apariencia de carne— cuadra bastante bien. Además, menciona que tanto la tierra como el propio Prometeo (hijo de Jápeto) gimen cuando se arranca la raíz. (Hola, Harry Potter).

Las dos especies de *Mandragora* más comunes hoy en el Mediterráneo son *M. officinarum* y *M. autumnalis*. Ambas tienen raíces principales gruesas que pueden parecerse a una figura humana... si entrecierras los ojos o si te has tomado demasiado vino con infusión de mandrágora. También contienen alcaloides como atropina, escopolamina e hiosciamina, entre otros (véase «Hierbas voladoras»). Aunque muchos textos de horticultura y medicina clasifican a la mandrágora como venenosa, en realidad todo depende de la dosis. Los tres alcaloides mencionados están incluidos en la farmacopea moderna y se recetan para tratar condiciones específicas. Estudios recientes sobre el fruto maduro de *M. autumnalis* han demostrado que la planta tiene un gran potencial como antibacteriano, antimicrobiano, antidiabético y antiobesidad.

La mandrágora es una planta preciosa, con hojas grandes, arrugadas y profundamente nervadas que rodean flores púrpuras que crecen erguidas. Resiste hasta la zona 6 de rusticidad y le va de maravilla en suelos bien drenados, sol directo y baja humedad. Entonces, ¿por qué no es una planta popular en jardines? Solo porque Circe pudo haberla usado para convertir en cerdos a los hombres de Odiseo (véase «Moly») no significa que tengas que ser una bruja para apreciar la mandrágora. Pide una en tu vivero de confianza, pero deja el libro de hechizos en casa.

Hierbas voladoras

En el siglo II d. C., Apuleyo escribió *El asno de oro,* la única novela romana que ha llegado completa hasta nuestros días. Aunque fue escrita en latín, la historia transcurre en Grecia. El protagonista viaja por Tesalia y queda completamente fascinado por la brujería. Allí presencia cómo una bruja tesalia llamada Pámfile se transforma ante sus ojos:

> ***Primero, Pámfile se desnudó por completo. Luego abrió un cofre y sacó varios frascos pequeños. De uno de ellos quitó la tapa y sacó un poco de ungüento, que frotó entre sus manos durante un buen rato antes de untárselo por todo el cuerpo, de la cabeza a los pies. Después recitó en voz baja un largo conjuro dirigido a la lámpara, mientras agitaba los brazos con un movimiento tembloroso. A medida que los alzaba y bajaba suavemente, empezó a brotar un vello fino, que pronto se convirtió en un plumaje espeso y fuerte; su nariz se endureció hasta tomar la forma de un pico curvo, y sus pies se encogieron, transformándose en garras... y así, Pámfile se convirtió en un búho.***

Tesalia era famosa por sus brujas. Situada en el centro de Grecia, estaba geográficamente aislada, rodeada de montañas —incluido el monte Olimpo al norte y el monte Pelión al oeste—. Para los ciudadanos de Atenas, esta región de Grecia era vista como primitiva y bárbara. Era una tierra de magia, donde Artemisa cazaba y el centauro Quirón enseñaba a sus pupilos (entre ellos Aquiles, Heracles y Teseo) a curar enfermedades. Donde Medea venía a buscar sus hierbas mágicas.

The Oxford Companion to Classical Civilization afirma: «Tesalia se enorgullecía de una antigua tradición de brujería; las brujas tesalias eran famosas por su especialidad: "hacer bajar la luna"». En su *Historia Natural*, Plinio el Viejo se refiere a esta práctica y a la magia de las «matronas de Tesalia». Dice que la simple mención de la palabra «tesalia» ya sugiere brujería. Y en *Las nubes* de Aristófanes se hace referencia a «esas brujas de Tesalia». Para que ese guiño funcionara en el teatro, el público debía estar muy familiarizado con el personaje típico de la bruja tesalia.

Los estudiosos no se ponen de acuerdo sobre si «hacer bajar la luna» significaba predecir eclipses o si se trataba de espectáculos con humo, espejos y nubes. En cualquier caso, era considerada una especialidad de las brujas tesalias y se veía como una demostración convincente de poder. En la *Argonáutica* de Apolonio de Rodas, es la propia luna la que acusa a Medea de esconderla para que pueda hacer su magia en la oscuridad.

Medea llegó a Tesalia tras huir de su tierra natal, la Cólquide, junto a Jasón, quien —con su ayuda— había conseguido el vellocino de oro. Era sacerdotisa de Hécate, diosa de la brujería, y Apolonio cuenta cómo cavaba en busca de hierbas mágicas, y cómo esas hierbas funcionaban. Ovidio dice que Medea volaba en un carro tirado por dragones mientras buscaba hierbas en el monte Pelión, el monte Olimpo y el valle de Tempe (véase «Laurel»). El monte Pelión es donde el centauro Quirón recolectaba sus hierbas curativas y mágicas, y Teofrasto afirmaba que los fármacos más potentes de toda Hélade provenían de Pelión, en Tesalia. Tanto el monte Olimpo como el Pelión siguen siendo conocidos hoy en día por su enorme diversidad de plantas.

Puede que Medea tuviera un carro tirado por dragones, pero otras brujas, como Pámfile, necesitaban la ayuda de ciertas hierbas para poder volar. No fue hasta la Edad Media que entraron en escena las escobas voladoras, pero milenios antes ya se conocía un conjunto de plantas de la familia de las solanáceas (sí, la de los tomates, las berenjenas y los pimientos) que daban al usuario la sensación de volar y transformarse. Estas plantas terminaron siendo conocidas como «hierbas voladoras», e incluyen la belladona (*Atropa belladonna*), la beleño (*Hyoscyamus* spp.), el acónito (*Aconitum* spp.) y, por supuesto, la mandrágora (*Mandragora* spp.).

Atropa belladonna recibe su nombre de Átropos, la Moira encargada de decidir cuánto debía vivir cada persona, y que cortaba el hilo de la vida cuando llegaba el momento. Algunos botánicos especulan que esta planta se añadía al vino durante ceremonias dionisíacas. Dioscórides la recomienda como sedante, aunque advierte que en exceso puede hacer que el paciente pierda el conocimiento. El principal compuesto activo de la belladona es el alcaloide atropina, que efectivamente tiene efectos sedantes. También puede causar desorientación y pérdida de memoria a corto plazo. Hoy en día, la atropina se sigue usando en anestesia por su capacidad para ralentizar la

Acónito

Beleño

Belladona

respiración y el ritmo cardíaco. Además, reduce la toxicidad de la aconitina (véase «Acónito»).

El beleño amarillo y el negro (*Hyoscyamus albus, H. niger*) son nativos del Mediterráneo. Dioscórides los recomendaba para «genitales hinchados» (¿¡!?), aunque advertía que si se hierven y se comen en cantidad, «una buena ración provocará un grave trastorno de los sentidos». El beleño contiene una alta concentración del alcaloide escopolamina, que puede causar pérdida del control muscular, delirios y alucinaciones intensas. La escopolamina se absorbe fácilmente a través de la piel y pasa la barrera hematoencefálica para actuar directamente sobre el sistema nervioso central. Hoy en día, se utiliza en dosis muy controladas, principalmente para prevenir el mareo por movimiento.

Robert Graves, autor de *Los mitos griegos*, cuenta que las brujas tesalias usaban acónito en sus ungüentos voladores, y que la planta les adormecía las manos y los pies. No sentir el contacto con el suelo daba la sensación de estar volando. También se han documentado casos en los que el acónito hacía que el cuerpo pareciera estar cubierto de pelaje o plumas, y Ovidio nos habla de mujeres escitas que usaban una poción mágica para hacer crecer plumas por todo su cuerpo. ¿Sería el acónito un ingrediente de esa poción, causando esa «sensación emplumada»? Aunque el acónito no es psicoactivo, sí ralentiza el ritmo cardíaco. Combinado con el adormecimiento y la percepción táctil alterada, podría hacer que una persona se sintiera mareada, despegada... como si realmente estuviera volando.

La mandrágora ha sido usada durante milenios como anestésico, sedante y agente embotador (véase «Mandrágora»). Al igual que el beleño y la belladona, contiene los alcaloides escopolamina, atropina e hiosciamina.

Estas cuatro plantas tienen un efecto psicotrópico sobre el sistema nervioso central, y todas eran bien conocidas por médicos y herbolarios en la antigua Grecia. Es muy probable que, bajo sus efectos —ya fueran las brujas mismas o sus testigos—, alguien creyera sinceramente que estaba volando o incluso que se había transformado en otro ser.

Hoy en día, estas plantas no son muy comunes en jardines, aunque las especies de *Aconitum* bien podrían serlo. Son plantas altas, visualmente espectaculares, que aportan color vibrante incluso en zonas de sombra. Algunas fuentes advierten que pueden ser tóxicas al tacto, pero no hay casos confirmados de intoxicación por acónito en jardinería cotidiana. Si te preocupa, usa guantes.

En la antigua Grecia, la palabra «bruja» se usaba para condenar y aislar a mujeres sabias y herbolarias que causaban miedo en quienes no entendían sus habilidades. Pero saber usar las plantas no era algo malo, especialmente si tenemos en cuenta que la medicina oficial de la época recomendaba cosas como cucarachas molidas en aceite para el dolor de oído, o cataplasmas de pelo grasoso y fruta para tratar lombrices.

Rechazar a las brujas siempre fue una forma de controlar a la población a través del miedo, y por desgracia, las mujeres eran las que más lo sufrían. Sin embargo, esas herbolarias eran muchas veces las únicas personas comprensivas y con conocimientos reales a las que otras mujeres podían acudir. Hoy en día, Medea se presenta como la *ur-bruja:* malvada, peligrosa y cruel, pero siendo una mujer en la antigua Grecia, no tenía muchas opciones. También era inteligente, capaz y sacó lo mejor de una situación complicada (maldita por Afrodita, abandonada por un marido infiel, limitada por el patriarcado). Es un milagro que no saliera volando para dejar atrás a todos los que la odiaban.

Cannabis

Cannabis spp.

Los antiguos griegos conocían bien los efectos embriagadores del cannabis. Y aunque eran más de fiesta con vino que con hierba, lo cierto es que sabían apreciar la planta en varias formas: era una hierba medicinal bastante conocida, se tejía ropa con fibras de cáñamo, y el cannabis se usaba como sustancia psicoactiva en ceremonias religiosas.

Existen varios relatos detallados del uso del cannabis en textos griegos antiguos. En *Historia* (alrededor del 425 a. C.), Heródoto describe un ritual de purificación escita que, sinceramente, suena más a sauna lisérgica que a algo devocional.

> ***Colocan tres palos apoyados entre sí, formando una especie de tipi, y por encima tienden unas mantas de lana. Luego, cerrando ese espacio lo mejor que pueden, hacen un hoyo en el centro del refugio improvisado y tiran dentro piedras al rojo vivo...***
> ***Los escitas toman las semillas de este cáñamo y, metiéndose bajo las mantas, las lanzan sobre las piedras calientes. Las semillas, al caer sobre las piedras al rojo, liberan humo y vapor, más potente que cualquier baño de vapor***

griego. Los escitas, encantados con este baño de vapor tan especial, empiezan a aullar de gusto.

Los escitas eran un pueblo nómada, famoso por su destreza a caballo y su fiereza en la batalla. Se asentaron a lo largo del Cáucaso y en las regiones alrededor del mar Negro, y ya para el siglo VII a. C. mantenían relaciones comerciales con colonias griegas. En 1999, se descubrió en Ucrania evidencia arqueológica del uso escita del cannabis al estilo que describió Heródoto, lo que apoya su relato casi 2500 años después.

Quizá el cannabis tenía un valor especial en las culturas guerreras, como forma de bajar revoluciones después de un día complicado en el campo de batalla. Los tracios, otro grupo de jinetes temibles, probablemente también usaban el cannabis con fines ceremoniales. Habitaban tierras que hoy son parte de Bulgaria, Rumanía, Grecia y Turquía. Algunos chamanes tracios eran conocidos como *kapnobatai*, es decir, «los que caminan en el humo», y varios estudiosos modernos creen que ese humo ceremonial era, en realidad, humo de cannabis, usado para inducir estados de éxtasis y visiones oraculares.

Y ya que hablamos de oráculos, el Oráculo de los Muertos se encontraba en Ephyra, a orillas del río Aqueronte. Estaba en el norte de Grecia (no muy lejos de Tracia) y se consideraba una de las entradas al Hades. Los griegos que acudían allí pasaban semanas preparándose para hablar con sus antepasados, participando en rituales de purificación y comiendo alimentos especiales que tal vez también contenían algún compuesto psicoactivo. En las excavaciones de Ephyra, los arqueólogos encontraron bolas de hachís (una pasta potente hecha con la resina de las flores femeninas del cannabis), lo que hace pensar que, mientras los fieles dormían en el templo, el hachís podía haberse quemado como incienso... o como puerta abierta al más allá a través de sueños vívidos y encuentros con los difuntos.

Hoy en día, los botánicos no se ponen del todo de acuerdo sobre cuántas especies de cannabis existen, pero la mayoría de las variedades medicinales y recreativas modernas pertenecen a *Cannabis sativa* y *Cannabis indica*. La evidencia arqueológica muestra que los escitas usaban *Cannabis ruderalis*, una especie más baja, resistente al frío y nativa de Siberia. Tiene menos THC que las variedades modernas, pero contiene más CBD. Esta planta tiene una característica muy útil: es *autofloreciente*, es decir, florece por edad y no por horas de luz. Por lo general, alcanza la floración en unas diez semanas. Esto era ideal para los climas fríos del mar Negro, ya que permitía hacer varias cosechas por temporada. (*C. sativa* e *indica* necesitan entre tres y ocho meses desde semilla hasta cosecha). Hoy en día, *C. ruderalis* se usa en cruzas para crear plantas autoflorecientes con mayor contenido de CBD, más resistencia al frío y menor altura.

Cannabis sativa estuvo incluida en la *Farmacopea de los Estados Unidos* (USP) hasta 1942. Se recomendaba como sedante suave y, en general, los médicos la consideraban útil, no dañina. Pero en la década de 1930, Harry J. Anslinger, jefe de la Oficina Federal de Narcóticos, declaró la guerra a la marihuana. Internet está llena de frases escandalosas y racistas atribuidas a Anslinger, aunque pocas provienen de fuentes primarias. Lo que sí está documentado es que Anslinger ignoró un informe de la Asociación Médica Estadounidense que se oponía a prohibir el cannabis como medicina legítima. Y no dudó en contar a políticos y periodistas historias sensacionalistas (y muchas veces sin pruebas) sobre asesinatos provocados por la marihuana.

Los investigadores modernos no se ponen de acuerdo sobre si la cruzada de Anslinger se debió al racismo o al hecho de que, tras la caída de la Ley Seca, los prohibicionistas (como él) necesitaban un nuevo enemigo público. Anslinger manipuló datos y se aprovechó de los prejuicios contra personas negras y mexicanas, insinuando que el cannabis era vendido por vendedores de *hot tamales* y que era esencial para músicos de jazz y *swing*, es decir, gente racializada. Su propaganda sensacionalista llevó a la creación de la película *Reefer Madness* (1936), que pretendía ser una advertencia, pero hoy parece más una caricatura absurda.

El resultado de esa campaña llena de miedo y prejuicio fue la Ley del Impuesto sobre la Marihuana (1937) y la eliminación del cannabis de la USP (1942). Pero ¡no hay planta buena que se quede abajo! La ley fue derogada en 1969, y hoy la marihuana

medicinal es legal en treinta y ocho estados. El uso recreativo es legal en veinticuatro, lo que significa que en esos estados el cannabis puede cultivarse como una planta de jardín. Actualmente, la ley federal en EE. UU. clasifica al cannabis como una sustancia de tipo I según la Ley de Sustancias Controladas, junto con la heroína, lo cual lo hace más restringido que el fentanilo, la hidrocodona o la oxicodona. Sin embargo, la DEA ha propuesto recientemente cambiarlo a tipo III, reconociendo así su valor medicinal.

A medida que el cannabis se legaliza en más partes del país, cada vez más personas lo cultivan en casa, no solo por sus beneficios medicinales o recreativos, sino porque ¡es una planta preciosa! El cannabis es anual y dioico, lo que significa que las flores masculinas y femeninas crecen en plantas separadas. Quienes lo cultivan para consumo buscan solo plantas femeninas. Pero quienes lo cultivan por su valor ornamental pueden no preocuparse por el sexo de la planta, aunque las flores femeninas son más grandes y atractivas que las masculinas.

El cannabis crece mejor a pleno sol y en suelos bien drenados. Aunque sus flores no tienen pétalos, tanto las flores como el follaje pueden ser muy decorativos, especialmente en otoño, cuando las flores maduran y el follaje de algunas variedades toma tonos rojizos y púrpura. Crece bien tanto en tierra como en macetas. Algunas variedades pueden alcanzar hasta tres metros y medio de altura, pero cultivarlas en maceta ayuda a controlar su tamaño final.

Finalmente, el cannabis está siendo reconocido en todo el mundo como una hierba tanto medicinal como recreativa. Y ahora, por fin, podemos celebrarlo como lo hacían los escitas.

Adormidera

Papaver somniferum

En la antigua Grecia, la adormidera o amapola real era mucho más que una flor bonita o la fuente de esas semillitas que decoran los panecillos. Era una medicina valiosa, un anestésico importante… y la reencarnación floral del amante mortal de Deméter. Porque no solo los dioses varones se relacionaban con humanos. Deméter, diosa de la cosecha, tuvo un amante mortal llamado Mékon. Cuando él murió, ella lo transformó en una amapola para conservar su belleza, y desde entonces a la planta se la conoció como *mekon*. Y ya está. Sin engaños, sin secuestros, sin tragedias épicas. Mékon era un joven guapo. Él y Deméter eran amantes. Ella lo convirtió en una amapola. Fin. Y aunque puede ser frustrante que no haya más detalles (al menos, ninguno que haya llegado hasta nosotros), también se agradece una historia de amor simple, sin tanto lío, por una vez.

Hoy en día, el género *Meconopsis* forma parte de la familia de las amapolas, e incluye la rarísima y maravillosa amapola azul.

Deméter también está asociada a la amapola por sus propiedades medicinales. Mientras vagaba por la tierra buscando a su hija Perséfone (véase «Narciso»), estaba tan angustiada que no podía dormir. Solo al consumir amapola pudo encontrar alivio.

En *Fastos*, Ovidio nos cuenta: «arrancó una tierna amapola, que inducía al sueño, del suelo desnudo».

Las propiedades narcóticas y medicinales de la adormidera (la amapola del opio) eran bien conocidas en la Antigüedad, y la planta ya había llegado a Grecia hacia mediados del segundo milenio a. C. Pinturas, estatuas y joyas muestran claramente las cápsulas de amapola como objetos valiosos y sagrados. Uno de los artefactos griegos antiguos más interesantes es una estatua de una diosa minoica descubierta en Creta, que data de entre 1400 y 1100 a. C. Tres cápsulas de amapola (las cabezas de semilla) decoran su corona, y se pueden ver las líneas de incisión en las cápsulas, hechas para extraer el jugo. La diosa tiene los ojos cerrados y una sonrisa suave en los labios. ¿Está bajo el efecto del opio?

En la *Odisea*, Homero menciona una droga llamada *nepente*, que algunos estudiosos especulan podría haber sido opio. Después de la guerra de Troya, Odiseo pasó diez años intentando regresar a casa. Su esposa Penélope y su hijo Telémaco no sabían si estaba vivo o muerto. Penélope envió a Telémaco a Esparta para preguntar a Menelao y Helena si tenían noticias. Mientras Telémaco y Menelao conversaban, lloraban por sus amigos y familiares perdidos. Para aliviar el dolor, Helena añadió una droga al vino. La palabra griega antigua para esa droga es *nepente*, que significa literalmente «contra el dolor». Homero nos cuenta que *nepente* disolvía la ira y hacía desaparecer el sufrimiento. «Nadie que lo bebiera a fondo, mezclado con vino, dejaría caer una lágrima ese día, ni aunque su madre muriera, ni aunque muriera su padre».

Las plantas que hoy llamamos *Nepenthes* no tienen tales propiedades. Son, en su mayoría, plantas carnívoras tropicales del Pacífico Sur, que atrapan insectos —y a veces lagartijas pequeñas— en sus jarras, para luego digerirlos. Carl Linnaeus nombró la planta en honor a la droga mitológica porque le pareció tan maravillosa que haría a los botánicos olvidar todos «los males del pasado». Y aunque sin duda es una planta muy llamativa… su capacidad para borrar penas pasadas está bastante sobrevalorada.

Algunos estudiosos creen que el *nepente* de la *Odisea* podría haber sido opio, pero otros sospechan que se trataba de cannabis o beleño. Sin embargo, las tres plantas eran conocidas y se usaban con fines medicinales en la antigua Grecia incluso antes de la época de Homero, así que… ¿por qué no especificar cuál de ellas era *nepente*? Teofrasto también conocía estas plantas y describió sus usos en sus escritos, elogiando tanto sus propiedades curativas como su utilidad práctica. Aun así, cuando habla del *nepente*, lo hace como si fuera una leyenda, diciendo que Homero cuenta que «provoca olvido e indiferencia ante los males». Aun así, así como el opio dio consuelo a Deméter, el *nepente* alivió a Telémaco y Menelao: su pena se desvaneció y sintieron un alivio tanto físico como emocional.

Un repaso rápido de la medicina griega antigua revela que pocas eran fórmulas «simples», es decir, con un solo ingrediente. Muchas eran preparaciones complejas con listas larguísimas de componentes. Por ejemplo, Hipócrates propone este remedio para aliviar un tipo de consunción: «raíz de perejil, eneldo, ruda, menta, cilantro, amapola fresca, albahaca, lentejas, jugo de

granada dulce y vinagre de granada». Lo más probable es que el *nepente* de Helena fuera una mezcla de opio con otras plantas narcóticas y psicoactivas, que ella añadía al vino.

La adormidera es una planta preciosa, muy apreciada por sus flores vistosas y coloridas. También es considerada una sustancia controlada de tipo II por la DEA. Según a quién le preguntes, puede ser o no ilegal cultivar amapolas de opio en Estados Unidos. Lo que sí es seguro es que es ilegal cultivarlas con la intención de producir droga. Dado que esta es la misma amapola de la que obtenemos las semillas que se usan en la panadería (igual que se hacía en la antigua Grecia), la DEA tendría que demostrar que las estás cultivando para hacer droga y no como especia o por su belleza. En un intento de tranquilizar (o despistar) a las autoridades, muchas veces se venden bajo el nombre de «amapola de semilla».

No solo los panaderos y jardineros se ven afectados por la prohibición de la DEA contra las amapolas de opio; también los floristas. Las cápsulas secas de semilla son muy ornamentales y se han usado desde hace tiempo en arreglos florales. Aunque las semillas contienen apenas trazas de morfina y su posesión y consumo son legales, la planta seca no lo es. Se considera «paja de amapola», y puede usarse para preparar una infusión somnífera con efectos muy similares a los de la amapola de Deméter o el *nepente* de Helena: alivio del dolor y una sensación de euforia. La posesión de paja de amapola es ahora ilegal, y por eso muchos mayoristas de flores ya no venden las cápsulas secas decorativas de la amapola de opio.

Como escribió Michael Pollan en *This Is Your Mind on Plants,* la legalidad del cultivo de amapolas es difícil de descifrar. Aunque la DEA puede decirte que es totalmente ilegal, varios tribunales han desestimado casos en los que no se pudo demostrar la intención criminal. En otras palabras, si eres un jardinero con unas pocas amapolas en tu jardín, probablemente no tengas problemas. Pero si ese mismo jardinero comparte una receta para preparar una infusión somnífera con paja de amapola... ahí la cosa cambia.

LA DOSIS ES LA CLAVE

Milenrama

Acónito

Cicuta

Orégano de Creta

Hierbas medicinales

Poleo

Milenrama

Achillea millefolium

Canta, diosa, sobre la ira de Aquiles».

Así comienza la *Ilíada*, un poema épico conocido más por sus sangrientas descripciones de batallas que por su aprecio por la jardinería. Pero aunque Aquiles es célebre como el guerrero más temido de la antigua Grecia, pocos saben que fue instruido en herboristería por el centauro Quirón. Hay una planta, en particular, que sigue asociada con Aquiles hasta hoy. La milenrama, *Achillea millefolium,* lleva su nombre, y la mitología cuenta que la usaba para curar a sus hombres en el campo de batalla.

Aquiles era hijo de Tetis, una ninfa marina, y de Peleo, un mortal. Zeus tenía echado el ojo a la hermosa Tetis, pero cuando Prometeo le advirtió que ella estaba destinada a tener un hijo más poderoso que su padre, Zeus decidió que podía prescindir de ella. De hecho, esta información fue la moneda de cambio que convenció a Zeus para liberar a Prometeo de su castigo milenario (véase «Hinojo»).

El mito del talón de Aquiles es bien conocido. Tetis lo sumergió en el río Estigia para hacerlo invulnerable, sujetándolo justo por el talón, lo que dejó ese único punto sin protección—y eso, como sabemos, llevó a su caída. Sin embargo, esta historia del baño en el Estigia apareció mucho después de la *Ilíada* de Homero, en un poema épico llamado la *Achilleida*, escrito por el poeta romano Estacio. En la *Ilíada*, Aquiles no es ni inmortal ni invulnerable. Es un guerrero formidable, sí, pero puede ser herido en combate… y lo es, aunque no de forma fatal.

En relatos anteriores a Homero, se cuenta que Tetis intentó proteger a su hijo quemándole la mortalidad con fuego o hirviéndola en agua. Pero Peleo la interrumpió, creyendo que estaba matando al niño. Al ser interrumpido su ritual, la magia de Tetis no surtió efecto, y Aquiles siguió siendo mortal.

Enfurecida, Tetis volvió al mar, dejando a Peleo como padre soltero. Y eso, en la antigua Grecia, no era precisamente un rol masculino ideal, así que Peleo envió a su hijo a ser criado y educado por el centauro Quirón. Los centauros tenían el torso de humano y el cuerpo de caballo, y la mayoría eran conocidos por su conducta licenciosa y por romper las reglas. Pero Quirón era distinto: un intelectual, responsable de la educación de héroes y semidioses como Heracles, Teseo y Aquiles. Le enseñó a luchar, a cazar y a tocar música. Y también le enseñó medicina, lo cual resultó bastante útil en el campo de batalla. A su vez, Aquiles transmitió estos conocimientos a su compañero, Patroclo. Cuando Eurípilo fue herido en Troya, pidió a Patroclo: «esparce los ungüentos calmantes y curativos sobre la herida, / los potentes remedios que, según dicen, aprendiste de Aquiles / y que Quirón, el más humano de los centauros, enseñó a tu amigo».

De hecho, la milenrama contiene un agente que ayuda a coagular la sangre, y se ha usado con ese fin durante milenios en todo el mundo. Polen de milenrama ha sido encontrado en yacimientos neandertales (de hace más de sesenta mil años), y análisis de ADN identificaron esta planta como una de las hierbas medicinales recuperadas de un barco romano del siglo II a. C. El alcaloide *achileína* tiene propiedades *estípticas*, es decir, detiene el sangrado. Muy útil si te raspas una rodilla en una caminata… o si te rozan con una flecha en batalla. Eso sí, no sirve de mucho si te atraviesan el pecho con una lanza.

Una herida en la parte baja de la pierna normalmente no es mortal, y dado que el mito del talón de Aquiles no se registró hasta casi mil años después de la guerra de Troya, vale la pena

considerar otra teoría, una que sugiere que Aquiles no era originalmente percibido como invulnerable o inmortal. En muchas representaciones antiguas, Aquiles aparece herido en la parte baja de la pierna, cerca del talón, pero al menos una pintura lo muestra atravesado por una segunda flecha en el pecho, y en otras se ve a Paris (cuyo lío con Helena desató todo el conflicto) preparándose para lanzar una segunda flecha. Jonathan Burgess, profesor de clásicas en la Universidad de Toronto, sugiere que la primera flecha inmovilizó a Aquiles, famoso por su velocidad, y que la segunda, apuntada a una zona más vital, fue la que realmente lo mató. Para ese tipo de herida, la milenrama ya no habría servido de mucho.

En su *Historia Natural,* Plinio el Viejo cuenta que Aquiles descubrió una planta curativa que luego llevaría su nombre: *achilleos.* Plinio ofrece varias descripciones de posibles candidatas, una de las cuales coincide con la milenrama que conocemos hoy. La llama *millefolium* y dice que tiene un tallo de unos 45 centímetros y hojas más pequeñas que las del hinojo. Como el hinojo, la milenrama tiene hojas finamente divididas, como plumas. Su tallo floral suele alcanzar justo esa altura. Muchos países europeos —incluyendo Alemania, Francia y Suiza— la incluyen en sus farmacopeas actuales, y sigue investigándose por sus propiedades antioxidantes, antibacterianas, antiinflamatorias y antifúngicas. Hoy en día se usa principalmente como tratamiento herbal para curar heridas y aliviar trastornos digestivos.

Los jardineros valoran la milenrama como una perenne resistente a la sequía y amante del sol. Los híbridos modernos ofrecen flores rojas, amarillas, rosadas y naranjas, además del blanco original de la especie silvestre. Atrae polinizadores e insectos beneficiosos, y su follaje suave y plumoso funciona muy bien como cobertura vegetal en bordes soleados.

La milenrama también es una hierba interesante y bastante subestimada, con un sabor similar al del anís o el estragón, aunque con un final algo amargo. Sus raíces tienen un sabor más intenso y pueden usarse como base para preparar *cocktail bitters* caseros. Eso sí: la milenrama tiene una personalidad algo invasiva, pero si un día te encuentras con demasiada en el jardín… desentierra un poco y prepárate un trago.

Acónito

***Aconitum* spp.**

Una flor preciosa. Una planta peligrosísima. En la antigüedad, el acónito se usaba como veneno para animales salvajes, cónyuges problemáticos, soldados, amenazas al trono… o cualquier otra persona que *necesitara* morir. Sus nombres alternativos —«reina de los venenos», «matalobos», «asesina de mujeres» y «casco del diablo»— dejan muy claro su poder como tóxico letal.

Esta planta era sagrada para Hécate, diosa de la brujería, a quien a veces se le atribuye su invención. Otras historias dicen que el acónito brotó de la sangre de Prometeo mientras era torturado, pero la mitología más popular lo asocia con Heracles y Cerbero (o *Kerberos*), el perro de tres cabezas que custodiaba el inframundo.

Como parte de su duodécimo trabajo, Heracles tenía que llevar a Cerbero a la superficie de la Tierra. Hades le dio permiso para intentarlo… siempre y cuando no usara armas. Y, como era de esperarse (excepto tal vez para Hades), Heracles lo logró usando solo sus manos. Cerbero no estaba acostumbrado a la luz del sol y, al exponerse a ella, se sintió mal. Vomitó, y de su vómito, al tocar la tierra, nació la planta de acónito. No hace falta llamar a PETA: Heracles devolvió a Cerbero al inframundo una vez completado el encargo.

El acónito era sagrado para Hécate, y Medea —su sacerdotisa— lo conocía muy bien. Medea se enamoró de Jasón y lo ayudó a robar el vellocino de oro a su padre. Después, al ser abandonada por Jasón (y asesinar a sus hijos como venganza), se casó con Egeo, rey de Atenas, y tuvo con él un hijo llamado Medo. Pero Egeo ya tenía otro hijo: Teseo.

Egeo había dejado su espada y sus sandalias bajo una roca enorme antes de abandonar a la madre de Teseo, diciendo que, si algún día el niño era lo bastante fuerte como para mover la piedra, debía traer esos objetos a Atenas y reclamar su linaje real.

Cuando Teseo llegó a Atenas, su padre no lo reconoció... pero Medea sí. Y no pensaba permitir que Teseo le quitara a su hijo Medo el derecho al trono. Convenció a Egeo de desconfiar del recién llegado y, con su permiso, añadió acónito a la copa de vino de Teseo. Pero justo cuando Teseo levantó la copa para beber, Egeo reconoció el emblema de su casa real grabado en la espada del joven... y le tiró la copa de las manos antes de que bebiera. Medea, como buena villana con estilo, agarró sus cosas y desapareció en la primera diligencia que salió de la ciudad.

En *Metamorfosis*, Ovidio cuenta cómo la diosa Atenea castigó a la mortal Aracne por atreverse a compararse con ella como tejedora. Atenea roció a Aracne con el jugo de la hierba de Hécate y la transformó en una araña, condenada a tejer por la eternidad. (¿Lo pillas? Aracne... arácnido... los biólogos llaman así a las arañas). Aunque hay otras hierbas consideradas sagradas para Hécate, los estudiosos clásicos coinciden en que la planta en cuestión era el acónito.

También en *Metamorfosis*, Ovidio relata la historia del rey Atamante de Tebas y su esposa Ino, tía de Dioniso. Hera odiaba a Dioniso y a cualquiera relacionado con él. Jamás perdonó a Zeus su aventura con Semele, la madre mortal de Dioniso (véase «Vid»), y decidió castigar a Ino simplemente por ser hermana de Semele. Hera bajó al Hades y pidió ayuda a las Furias, quienes prepararon una pócima que incluía «la baba de Cerbero» (es decir, acónito) y la vertieron sobre Atamante e Ino. «Les abrasó las entrañas» y sus mentes quedaron «presa de una furia salvaje».

Teofrasto, considerado el padre de la botánica, describe el acónito en detalle, pero afirma que es difícil de usar con eficacia y que muy pocos médicos saben aplicarlo correctamente. Incluso cuenta que la posesión de esta planta era castigada con la pena de muerte. Siglos más tarde, el acónito seguía infundiendo temor. Plinio el Viejo escribió que bastaba tocar los genitales de una hembra mamífera con una sola hoja para que el animal muriera en un día. También afirmó que el político romano Lucio Calpurnio Bestia mató así a tres de sus esposas, aunque la historia lo considera una acusación puramente política. Y por si pensabas que Plinio era pura sabiduría… también dijo que el antídoto contra el envenenamiento por acónito era comer heces humanas. Así que, bueno… hay niveles.

El acónito se ha usado durante milenios para envenenar flechas, y algunos afirman que la flecha que atravesó el talón de Aquiles estaba impregnada en acónito, convirtiendo una herida leve en una muerte segura. En su poema *Alexifármacos* —sobre venenos y sus antídotos—, Nicandro de Colofón describe cómo actúa el veneno de acónito. Primero, la víctima siente una opresión asfixiante, seguida de un dolor estomacal intenso. Luego vienen los latidos en las sienes, visión doble... y un final nada placentero.

Hoy en día, *Aconitum napellus* es valorado tanto por su follaje finamente recortado como por sus espectaculares flores azul violáceo, dispuestas en altas espigas florales. Es una planta perenne excepcional, una joya de jardín. La forma inusual de su flor recuerda a la capucha de un monje, de ahí su nombre más inocente: «casco de monje». Esta planta crece mejor en climas frescos, suelos húmedos pero bien drenados, y a pleno sol o semisombra. Prácticamente ningún insecto se le acerca... parece que la intuición natural les dice que no es buen alimento.

El componente tóxico del acónito es la aconitina, que puede causar arritmias mortales. Se dice que hervirla reduce su toxicidad, y la planta se usa en algunas medicinas tradicionales. En la medicina china, se utilizan las raíces para tratar fiebre reumática, diarrea y dolores articulares, entre otros males. En la India, se ha usado contra la fiebre y la inflamación, tras hervirla en orina de vaca durante dos días. En la medicina occidental, se considera, en general, insegura.

Aún hoy persiste el rumor de que el acónito es venenoso al tacto, pero eso es falso. La planta solo es tóxica si se ingiere... algo que el presidente Sadyr Japarov de Kirguistán al parecer no sabía cuando recomendó una infusión de raíz de acónito como tratamiento para la COVID-19. Su ministro de Salud, Alymkadyr Beishenaliev, incluso tomó un sorbo en cámara, advirtiendo que solo era seguro si se bebía caliente. Apostaría a que estaba bebiendo té normal, porque justo después de la emisión, cuatro personas fueron hospitalizadas tras consumir la infusión tóxica.

Cicuta

Conium maculatum

Casi todo el mundo ha oído la historia de la muerte de Sócrates, ejecutado en el año 399 a. C. con una copa de cicuta venenosa. Sócrates fue declarado culpable de impiedad y de corromper a la juventud de Atenas, y sentenciado a muerte. Le ofrecieron la oportunidad de huir de la ciudad y salvar su vida, pero se negó. El hombre sabía cómo hacer una buena salida.

La cicuta venenosa crecía por toda Grecia —y aún crece hoy en día—. También se encuentra en cuarenta y seis de los cincuenta estados de EE. UU. y en cinco provincias de Canadá. Es una planta atractiva, con flores blancas bonitas, un crecimiento agresivo, y un parecido inquietante con la zanahoria silvestre comestible, conocida como «encaje de la reina Ana».

En el *Fedón* de Platón, vemos cómo Sócrates va sintiendo los efectos del veneno. No parece una mala forma de morir. Sócrates se mantiene lúcido, sin dolor. Se cansa, se recuesta y, finalmente, deja de respirar. Pero... ¿realmente fue cicuta lo que lo mató? Platón usa la palabra *pharmakon*, que simplemente significa «droga» o «medicamento». El nombre de la planta no se menciona explícitamente en ningún texto contemporáneo, y los investigadores han tenido que basarse en la descripción de la muerte de Sócrates para adivinar qué planta fue.

Platón escribió el *Fedón* hacia el 360 a. C., unos cuarenta años después de la muerte de Sócrates. Él no estuvo presente en la ejecución, y cuarenta años dan para que los detalles se diluyan bastante. En la obra, Sócrates bebe el veneno, camina, conversa, siente que sus piernas se vuelven pesadas, se tumba y sigue hablando hasta que, en silencio, da su último aliento. Sin embargo, algunos estudiosos clásicos creen que Platón pudo haber embellecido la escena para darle más dignidad a la muerte de su maestro.

Incluso hoy en día no existe un antídoto comprobado contra la intoxicación por cicuta, aunque Nicandro recomendaba vino, pimienta, semillas de ortiga, jarabe de uva o leche espumosa. Aproximadamente dos siglos después de la muerte de Sócrates, Nicandro describe la cicuta como un veneno con efectos mucho más dolorosos que los descritos por Platón.

> ***Esta bebida, sin duda, desata la desgracia sobre la cabeza, trayendo consigo la oscuridad de la noche: los ojos giran y los hombres deambulan por las calles con pasos tambaleantes o arrastrándose sobre las manos; un ahogo terrible bloquea la garganta baja y el angosto conducto del aliento; las extremidades se enfrían; y en los miembros las arterias firmes se contraen; por un breve instante la víctima respira como quien se desvanece, y su espíritu contempla el Hades.***

¿Por qué son tan distintas estas dos descripciones del envenenamiento por cicuta? Ni Platón ni Nicandro eran botánicos o médicos, así que consultemos a los profesionales.

En el siglo I d. C., Dioscórides escribió que la cicuta es venenosa y puede matar, pero también sugirió varios usos tópicos y recomendó aplicar la planta machacada sobre los testículos para frenar los sueños lascivos y las emisiones nocturnas. Pocos años después, Plinio el Viejo mencionó el uso de la cicuta en Atenas como método de ejecución, y también ofreció aplicaciones externas de la planta, aunque afirmaba que solo las semillas

eran venenosas y que el tallo se podía comer. **Aviso de seguridad:** ¡esto no es cierto! ¡No comas cicuta venenosa!

Teofrasto ofrece una perspectiva útil. Señala que, en general, con el tiempo la gente se vuelve más experta en preparar medicinas y venenos. Pone como ejemplo a los habitantes de Keos: antes, dice, simplemente trituraban la cicuta, pero ahora la pelan, la machacan y preparan una bebida con ella, que produce una muerte rápida y sin dolor. ¿Qué es esto de Keos? ¿Por qué eran considerados expertos en cicuta?

Teofrasto se refiere a la historia de la isla de Keos, donde los ciudadanos ancianos, cuando ya no podían contribuir a la sociedad, se suicidaban bebiendo cicuta. Menandro, contemporáneo de Teofrasto, describe esta «buena costumbre» de los keianos: «que un hombre que no puede vivir bien, no continúe viviendo mal». Obviamente, si el gobierno de Keos esperaba que la gente siguiera esta norma, sería preferible que la muerte fuese rápida y pacífica, y no dolorosa, asfixiante y espasmódica como la que describe Nicandro.

Lo cual nos devuelve a la pregunta: ¿por qué tenemos dos descripciones tan distintas del envenenamiento por cicuta? Tal vez Nicandro y Platón estaban describiendo los efectos de dos plantas diferentes. En el siglo XIX, un grupo de médicos y toxicólogos realizó investigaciones bastante bien documentadas, administrando cicuta venenosa a sus pacientes (sí, en serio) y a ellos mismos, para determinar sus propiedades medicinales. Los resultados de sus experimentos coinciden con la descripción de Platón: una muerte tranquila, producida por el efecto sobre el sistema nervioso periférico, es decir, los nervios fuera del cerebro y la médula espinal.

Entonces, ¿cuál era la planta que causaba las reacciones violentas que Nicandro describía? La cicuta acuática (*Cicuta maculata*) provoca síntomas que encajan muy bien con lo que cuenta Nicandro: vómitos, diarrea, convulsiones y paro cardíaco. Estos efectos son los que se esperan de un veneno que actúa sobre el sistema nervioso central, es decir, el cerebro y la médula espinal.

No es difícil entender de dónde vino la confusión. Los nombres de la cicuta venenosa y la cicuta acuática se usaban de forma intercambiable hasta que Linneo desarrolló su sistema binomial de nomenclatura vegetal a mediados del siglo XVIII. Las plantas se parecen superficialmente: ambas tienen umbelas de delicadas flores blancas y un follaje finamente dividido. Ambas pertenecen a la familia de las zanahorias, y ambas pueden ser letales, aunque sus efectos en el cuerpo humano son muy distintos.

La cicuta venenosa contiene varios alcaloides que actúan como venenos, provocando debilidad, dificultad para respirar y parálisis. Curiosamente, las condiciones ambientales pueden afectar la potencia de estos alcaloides: climas calurosos y secos (como los de Grecia) producen concentraciones más altas. La diferencia entre una dosis terapéutica y una dosis tóxica es muy estrecha, y por eso la cicuta rara vez se usa en la medicina moderna. Sin embargo, estudios actuales están explorando su potencial como fármaco contra el cáncer, aunque hasta que haya más evidencia, mejor admirarla desde lejos.

Orégano de Creta

El *dictamnus* es una especie de orégano que crece exclusivamente en la isla de Creta. Durante milenios, esta planta rara y valiosa solo se encontraba en gargantas profundas y en las grietas de los acantilados, lo que hacía su recolección bastante arriesgada. Algunos especialistas en estudios clásicos creen que su nombre proviene del monte Dikte, en Creta, uno de los dos posibles lugares de nacimiento de Zeus. Otros sugieren que fue nombrada en honor a Diktynna, una diosa virgen de la caza en Creta, cuyo culto finalmente se fusionó con el de Artemisa. Sea como sea, se creía que el dictamo tenía propiedades mágicas además de medicinales.

Cuando Eneas fue herido durante la guerra de Troya, el asta de la flecha que lo alcanzó se rompió, dejando la punta incrustada en su muslo. Su médico intentó extraerla, pero no pudo moverla hasta que la madre de Eneas, Afrodita, trajo dictamo para curar la herida. Virgilio describe la planta como de «hojas suaves y flor escarlata, una planta que las cabras montesas conocen bien cuando se quedan clavadas con flechas». Cuando el médico troyano lavó la herida de Eneas con agua infusionada con orégano de Creta, «todo el dolor abandonó de inmediato el cuerpo de Eneas, cesó el sangrado en lo profundo de la herida. La punta de flecha salió sola».

El orégano de Creta es, en efecto, una planta de hojas lanosas y flor rosada, pero ¿qué es eso de las cabras con flechas? En su *Historia de los animales*, Aristóteles afirma que ciertos animales actúan con inteligencia. Para ilustrarlo, dice: «Las cabras salvajes en Creta, cuando son heridas por flechas, buscan este orégano, que supuestamente tiene la propiedad de expulsar los proyectiles del cuerpo». En la antigua Grecia, también se le conocía como *artemidion*, en honor a Artemisa, diosa de la caza. Se consideraba un regalo de ella, enviado para curar las heridas provocadas por flechas... su arma favorita.

Los antiguos griegos consideraban el dictamo una panacea y lo usaban para tratar decenas de dolencias y heridas distintas. En *Enfermedades de las mujeres*, Hipócrates lo recomienda para aliviar trastornos gástricos, problemas menstruales y provocar abortos. Dioscórides dice que ayuda contra mordeduras de serpiente, cura úlceras gangrenosas y expulsa embriones muertos. Teofrasto (discípulo de Aristóteles) repite la historia de las cabras heridas por flechas y luego añade información práctica sobre la

planta. La recomienda para las mujeres de parto, afirmando que sus hojas alivian el dolor y la dificultad del alumbramiento.

El orégano de Creta ha estado históricamente vinculado a la salud reproductiva, incluyendo más de dos mil años de uso como emmenagogo —una hierba que estimula el flujo menstrual, lo cual se consideraba importante por varias razones—. Los antiguos griegos entendían que la menstruación regular era esencial para la salud femenina. Creían que purificaba el cuerpo, equilibraba los humores (sangre, flema, bilis amarilla y bilis negra) y eliminaba el exceso de sangre. Pero los emmenagogos también se usaban —y en algunos lugares aún se usan— para inducir abortos: si una mujer no tiene la regla porque está embarazada, provocar la regla es, en esencia, interrumpir el embarazo.

En *Moralia*, Plutarco no se anda con rodeos. Repite la vieja historia de las flechas que se desprenden de las cabras… y luego extrapola de las cabras a las mujeres embarazadas.

> ***Y las cabras cretenses, cuando comen* dictamnus, *expulsan fácilmente las flechas de sus cuerpos, dando así una lección clara que las mujeres embarazadas pueden tomar en serio: que la hierba tiene propiedades abortivas; pues no hay nada, salvo esta planta, que las cabras, cuando están heridas, corran a buscar desesperadamente.***

Pasar de las cabras a las mujeres embarazadas, y de las flechas a los fetos, pudo haber sido una analogía interesante en la antigua Grecia, pero ciertamente no es una comparación médica ni fisiológicamente precisa.

Las investigaciones científicas modernas sobre las propiedades antimicrobianas, antioxidantes, citotóxicas e insecticidas del orégano de Creta han mostrado resultados muy prometedores. Curiosamente, ha demostrado ser especialmente eficaz en el tratamiento de úlceras gástricas, lo cual respalda la recomendación de Hipócrates de usarlo para molestias estomacales. Actualmente no se está investigando su eficacia como anticonceptivo.

Hasta la década de 1920, esta planta solo se recolectaba de manera silvestre. A medida que aumentó la demanda y las poblaciones nativas comenzaron a verse amenazadas, los agricultores cretenses de las laderas del monte Dikte empezaron a cultivarlo. Hoy en día, el orégano de Creta silvestre está clasificado como especie vulnerable por la Unión Internacional para la Conservación de la Naturaleza y también está protegido por un decreto presidencial en Grecia. La mayor parte de lo que se cosecha se exporta y se utiliza en destilerías como ingrediente popular en el vermut. Lo encontrarás en Cinzano Bianco y Martini Rosso. Y aunque los fabricantes de Bénédictine se niegan a revelar la larguísima lista de hierbas aromáticas que contiene, se cree que el orégano de Creta es una de ellas.

Los jardineros modernos lo valoran más por su belleza que por su sabor, que es más suave que el del orégano común (*Origanum vulgare*). Pero lo que le falta en sabor, lo compensa con creces en apariencia. Sus pequeñas hojas, casi redondas, crecen en pares opuestos y están completamente cubiertas de vellos blancos, lo que le da una textura suave y aterciopelada. Las flores son pequeñas, pero están rodeadas de brácteas ornamentales rosado-púrpura que se asemejan a las flores del lúpulo en forma. Es una planta excelente para un jardín de rocas o para lo alto de un muro, donde sus tallos florales pueden caer con gracia por el borde.

Los rumores sobre los poderes mágicos del díctamo u orégano de Creta persisten hasta hoy. En *Harry Potter y las reliquias de la muerte*, se usa dos veces: una para curar a Ron Weasley después de ser desmembrado al intentar teletransportarse, y otra para sanar a Harry, Hermione y Ron tras su incursión en la bóveda de Bellatrix Lestrange. Los antiguos griegos seguramente estarían de acuerdo con J. K. Rowling en que el díctamo tiene propiedades mágicas… aunque una *yiayia* (abuelita) cretense moderna probablemente te ofrecería una infusión como remedio para el dolor de estómago. Eso sí: solo si no estás embarazada.

Hierbas medicinales

En el siglo v a. C., Hipócrates pudo haber pronunciado —quizá sí, quizá no— la célebre frase: «Que tu alimento sea tu medicina, y que tu medicina sea tu alimento». Tal vez simplemente estaba animando a sus compatriotas griegos a seguir una dieta saludable, pero también sabía que muchas de las hierbas utilizadas para dar sabor a los alimentos tenían importantes propiedades medicinales.

—Artemisa—

Artemisia vulgaris

El nombre botánico de la artemisa proviene de, cómo no, Artemisa, diosa virgen de la caza. También protegía a las mujeres embarazadas y era considerada una de las diosas del parto. Si parto y virginidad te parecen conceptos contradictorios… espera. Algunos autores afirman que los festivales en honor a Artemisa comenzaron como celebraciones orgiásticas de primavera, celebradas durante la luna llena. Estos festivales incluían

rituales de fertilidad y el consumo de artemisa como gesto simbólico de «consumir» a la diosa.

La artemisa ha sido valorada durante siglos como planta medicinal, especialmente para tratar problemas ginecológicos. Su capacidad para provocar contracciones uterinas la hace útil tanto como abortiva como para facilitar el parto. Al fumarse, actúa como un suave intoxicante y relajante —algo que, sin duda, podría ayudar a aliviar los dolores del alumbramiento—. Estudios recientes han demostrado que los extractos de hoja de artemisa tienen un efecto estrogénico (que ayuda a regular el ciclo menstrual) y un fuerte efecto antiimplantación (que puede prevenir el embarazo).

Artemisa era severa e inflexible; no tenía compasión por quienes violaban sus reglas de castidad y decoro. Que se lo pregunten a Acteón, el cazador que la vio por accidente mientras se bañaba desnuda. ¿Su castigo? Artemisa lo transformó en un ciervo y fue despedazado por sus propios perros. Pero cuando se trataba del sufrimiento de las mujeres durante el parto, Artemisa acudía en forma de la hierba que lleva su nombre.

— Perejil —

Petroselinum crispum

Nemea era una pequeña ciudad en el norte del Peloponeso, y la familia real allí tenía un hijo recién nacido llamado Ofeltes. Cuando nació, su padre consultó al oráculo de Delfos para saber cómo asegurarle una vida larga y feliz. El oráculo respondió que el niño no debía tocar el suelo hasta que aprendiera a caminar.

Un día, la nodriza de Ofeltes, Hipsípile, se distrajo cuando unos soldados se detuvieron a pedir agua durante su viaje. Tal vez no había escuchado la profecía, porque colocó al

bebé sobre un lecho de perejil en el suelo. Hipsípile les dio agua a los soldados y se puso a conversar, contándoles su vida marcada por el desamor, hijos nacidos fuera del matrimonio y una historia de esclavitud tras ser capturada.
Mientras la nodriza seguía entretenida, una serpiente mordió al joven príncipe y lo mató. De su sangre brotó la hierba del perejil. ¿El lado bueno de la tragedia? Se celebraron unos juegos funerarios en honor a Ofeltes, y con el tiempo se convirtieron en los Juegos Nemeos, uno de los cuatro Juegos Panhelénicos, al igual que los Olímpicos. Los ganadores en Nemea eran coronados con una corona de… perejil.

Ruda

Ruta graveolens

El rey Mitrídates fue gobernante del Ponto, una región a orillas del mar Negro en lo que hoy es Turquía. Aunque era conocido como un guerrero feroz y despiadado, tenía un miedo constante a ser envenenado. (Su padre había sido asesinado justamente así: por envenenamiento.) Así que Mitrídates desarrolló lo que él creía que era un antídoto universal. Plinio el Viejo cuenta que, tras la muerte del rey, se encontró la receta; el ingrediente principal era la ruda.

Igualmente interesante (y poco probable) es la historia que dice que Medea arrojó ruda al mar mientras navegaba con Jasón, de regreso a Grecia desde la Cólquide, tras haber robado el vellocino de oro. La ruda es conocida por el fuerte y desagradable olor de su follaje, y el relato dice que, al llegar el agua impregnada de ruda a las mujeres de Lemnos, que nadaban en el mar, les hizo oler tan mal que ningún hombre quiso acercarse a ellas.

Pero… ¿por qué le importaba a Medea cómo olían las mujeres de Lemnos? Anteriormente, cuando Jasón y su tripulación iban de camino a la Cólquide, hicieron una parada en Lemnos. Allí, las mujeres habían matado a sus maridos y recibieron a Jasón y compañía con los brazos abiertos… y las camas también. Jasón tuvo hijos gemelos con la princesa de Lemnos, y aunque eso ocurrió antes de conocer a Medea, ella estaba celosa. No iba a correr el riesgo de que la historia se repitiera, de ahí lo de arrojar la ruda al mar. Y como detalle delicioso del destino: la princesa de Lemnos que tuvo los gemelos con Jasón no era otra que ¡Hipsípile! (véase «Perejil», más arriba).

Hoy se sabe que la ruda es eficaz para impedir la implantación del embrión. También es un abortivo bien conocido y puede causar infertilidad en mamíferos machos. Quizá Medea sabía muy bien lo que hacía.

Tanaceto

Tanacetum vulgare

Ganimedes era hijo de Tros, el rey que dio nombre a la ciudad de Troya. Según Homero, Ganimedes era el más bello de los mortales, y Zeus se enamoró de él. Mientras el joven cuidaba ovejas, Zeus envió un águila para llevarlo al monte Olimpo… o bien fue el propio Zeus quien bajó en forma de águila para raptarlo. Desde entonces, Ganimedes fue copero de Zeus: mezclaba y servía el vino del dios. Puede que también le ofreciera otros «servicios personales».

En *Las leyes* de Platón, uno de los personajes se pronuncia contra la homosexualidad. Critica la historia de Ganimedes como el «amigo especial» de Zeus y afirma que fueron los cretenses quienes inventaron el mito para justificarse y poder disfrutar de la compañía de jóvenes amantes masculinos, como hacía el propio Zeus.

Zeus compensó a Tros por haberle robado a su hijo regalándole un par de caballos excepcionales: eran los mismos que montaban los dioses. Desde entonces, Troya fue célebre por sus caballos. A Ganimedes, Zeus le dio a beber un brebaje de tanaceto, lo que le otorgó la inmortalidad.

Aunque el tanaceto tiene una larga historia como planta medicinal, hoy en día se considera tóxica en ciertas formas. Los aceites esenciales de tanaceto contienen tuyona, una sustancia peligrosa en dosis elevadas. Sin embargo, extractos acuosos, como infusiones y decocciones, se han usado de forma segura por herbolarios durante milenios. No sabemos exactamente qué tipo de bebida con tanaceto le dio Zeus a Ganimedes, pero es posible que el joven tuviera que morir —dejar atrás su vida mortal— antes de alcanzar la inmortalidad. Hoy, Ganimedes vive en el cielo como la constelación de Acuario, el portador del agua.

Aunque muchas de las hierbas medicinales utilizadas por los antiguos griegos siguen siendo consideradas efectivas, algunos remedios de la época parecen hoy francamente ridículos. (¿Quién de nosotros bebería vino mezclado con excremento de mula?) Aun así, y pese a no contar con laboratorios modernos ni equipos especializados, los griegos lograron comprender lo suficiente como para desarrollar algunos tratamientos que los herbolarios siguen usando hoy.

Poleo

Mentha pulegium

A los griegos les gustaba el sexo y no tenían reparos en hablar de ello. Sexo profesional, sexo con menores, sexo entre personas del mismo sexo... lo que se te ocurra, ellos lo practicaban. El único tipo de sexo que realmente temían era el de las esposas de ciudadanos griegos fuera del matrimonio, porque eso podía poner en peligro los derechos de herencia y entonces sí que se armaba el caos.

Las esposas de ciudadanos griegos tenían una sola función: dar hijos legítimos. No tenían poder político, ni autonomía económica, ni espacio para expresarse artísticamente (con la notable excepción de Safo). Como la maternidad era su principal deber, el control de natalidad no era un tema que preocupara demasiado al estamento médico masculino. Las mujeres debían cuidar por su cuenta de su salud reproductiva, y en la antigua Grecia conocían una buena variedad de anticonceptivos y abortivos de origen vegetal. Entre ellos, el poleo era uno de los más eficaces... y también uno de los más peligrosos.

La comprensión generalizada de las propiedades anticonceptivas del poleo está confirmada por Teofrasto, Dioscórides e Hipócrates. La información era tan conocida que Aristófanes la utilizó como chiste en su comedia *Paz*. En la obra, Hermes le da a Trigeo —que llevaba mucho tiempo sin actividad sexual— una compañera femenina, pero Trigeo se preocupa por la posibilidad de que ella quede embarazada. Hermes lo tranquiliza: su compañera no quedará embarazada si usan «poleo».

El público griego comprendía inmediatamente la referencia, que iba acompañada de dobles sentidos sugerentes y gestos cómicos. El público moderno probablemente necesitaría una nota al pie para entenderlo. «Poleo» también llegó a usarse como expresión en jerga para referirse al vello púbico, como lo demuestra otra referencia de Aristófanes, esta vez en *Lisístrata*. La obra incluye varias menciones a «poleos bien arreglados», depilados o chamuscados para hacer la zona más atractiva.

Los antiguos griegos no entendían la concepción como la entendemos hoy. Muchos creían que solo el hombre aportaba material genético, y que la mujer era simplemente un «incubador» que llevaba el feto a término. La línea entre anticonceptivo y abortivo era difusa, en parte porque no había consenso sobre cuándo comenzaba la concepción. (¿Te suena?)

El poleo estaba clasificado como «emmenagogo», pero… ¿cómo lo usaban exactamente los antiguos griegos?

Hay varias razones por las que una mujer podría querer usar un emenagogo. Su menstruación podría ser irregular debido a una enfermedad, hambruna o estrés, y regularla facilitaría la concepción. Pero si una mujer estaba embarazada y no deseaba continuar con el embarazo, un emenagogo podía provocar la menstruación, interrumpiendo así la gestación.

Se cree que el poleo es también la especie de menta utilizada en el *kykeon*, la poción que se bebía durante los misterios eleusinos (véase «Cebada»). Pero ¿por qué incluir un anticonceptivo vegetal en una bebida ritual dedicada a Deméter, una diosa tan estrechamente asociada con la fertilidad? Si el poleo se consideraba un emenagogo —es decir, algo que mejora la fertilidad al regular el ciclo menstrual—, eso tendría sentido. O, si los misterios incluían sexo ritual (como sugieren algunos estudiosos), entonces el poleo podría haber servido para evitar embarazos no deseados resultantes de dichos ritos.

Además de ser un conocido anticonceptivo y abortivo, el poleo también era eficaz para inducir o acelerar el parto, según

cuenta Plinio el Viejo. Lamentablemente, calcular mal la dosis podía ser un error fatal. Los textos antiguos mencionan su uso en forma de supositorio o infusión, pero la química moderna permite destilar los aceites esenciales del poleo. Este aceite puede utilizarse de forma segura como repelente de insectos; sin embargo, es mucho más concentrado que la medicina basada en agua utilizada en forma de té o supositorio. Aún hoy, la intoxicación por poleo sigue siendo un problema ocasional entre mujeres que han ingerido el aceite esencial destilado.

La pulegona es el compuesto presente en el poleo que lo hace eficaz como emenagogo y abortivo. También se encuentra en la nepeta *(catmint)*, la menta piperita y la hierbabuena, por lo que pequeñas cantidades son seguras para el consumo sin efectos nocivos. Sin embargo, la FDA ha prohibido la pulegona sintética como aditivo alimentario y la ha clasificado como carcinógeno. En grandes dosis, puede ser tóxica para el hígado y los pulmones.

Investigaciones recientes han demostrado que muchas de las hierbas mencionadas en la literatura antigua como anticonceptivos son, en efecto, bastante eficaces, pero las dosis no reguladas son arriesgadas. Como la cantidad de pulegona varía mucho de una planta a otra, calcular una dosis segura fuera de un laboratorio es complicado. Así que, si quieres usar aceite de poleo para mantener alejados a los mosquitos, adelante… pero es buena idea limitar su uso a lo externo.

UNA ODISEA CULINARIA

Cornejo

Silfio

Loto

Asfódelo

Higuera

Bellota

Cornejo

Cornus mas

El cornejo europeo aparece en múltiples mitos griegos, valorado tanto como alimento como por su madera. También conocido simplemente como «cornejo», su madera era famosa por ser dura, flexible y duradera. En *Investigación sobre las plantas*, Teofrasto describe su uso en la fabricación de jabalinas, mientras que Heródoto cuenta que los licios (en la actual Turquía) la usaban para construir arcos. Pausanias dice que los griegos usaron madera de cornejo para construir el caballo de Troya. Y Polidoro, el hijo menor del rey Príamo de Troya, fue asesinado con una lanza hecha de esta madera.

En el libro III de la *Eneida*, Virgilio relata cómo Eneas huyó de Troya y desembarcó en Tracia, con la intención de fundar una colonia allí. Encontró un túmulo «cubierto de cornejo» y comenzó a recolectar la planta para construir un altar de sacrificio. Al cortar el primer tallo, notó que de la herida brotaba sangre. Eneas ignoró la sangre y continuó trabajando, hasta que escuchó un gemido y el llanto de un hombre. Era Polidoro, a quien habían enviado a Tracia bajo la protección del rey mientras duraba la guerra en Troya. Cuando quedó claro que los griegos ganarían, el rey tracio mató a Polidoro y le robó su tesoro.

El fantasma de Polidoro le dijo a Eneas: «Un cerco de hierro con lanzas cubre mi cuerpo, aquí me clavaron, y las astas puntiagudas echaron raíces». Y esto es lo que hace especial a esta historia: ¡esas lanzas realmente pudieron haber echado raíces! Las ramas del cornejo enraízan con rapidez y facilidad en suelos húmedos, como sabrá cualquiera que haya decorado una maceta invernal con ramas cortadas de cornejo. En cuestión de semanas, esas ramas comienzan a echar raíces, confirmando que las lanzas que mataron a Polidoro bien podrían haberse enraizado en el lugar, clavándolo ahí para la eternidad.

El árbol del cornejo también forma parte de la historia del infame nudo gordiano. Hoy en día, el «nudo gordiano» es una expresión usada para describir un problema difícil, resuelto mediante un golpe audaz e inesperado. Originalmente, hacía referencia a un nudo real. Los frigios (en la actual Turquía occidental) estaban sin rey, y un oráculo predijo que el primer hombre que entrara a la ciudad en un carro debía ser coronado. Algunas fuentes dicen que fue un campesino llamado Gordias, otras que fue su hijo Midas (sí, ese Midas). Ya fuera Gordias o Midas, se dice que dedicó el carro a Zeus y lo ató a un poste cercano al templo con una tira de corteza de cornejo.

Muchos años después, otro oráculo anunció que quien pudiera desatar el intrincado nudo gobernaría toda Asia. Alejandro Magno lo consiguió, ya fuera desatándolo o simplemente cortándolo por la mitad con su espada. Y, de hecho, Alejandro conquistó la mayor parte de Asia, tal como la conocían los griegos de su época.

Como alimento, las cerezas de cornejo eran tanto apreciadas como despreciadas, según quién contara la historia. En la *Odisea*, Homero describe los frutos del cornejo como alimento para cerdos. Circe se los dio a los hombres de Odiseo, después de transformarlos en cerdos mediante su hechicería.

Pero los habitantes humanos de la antigua Grecia sin duda comían cerezas de cornejo. Excavaciones realizadas en la década de 1990 en un sitio neolítico tardío (5400-4500 a. C.) cerca del pueblo de Makriyalos, en el norte de Grecia, descubrieron restos de cornejo junto con bellotas, higos, uvas, bayas de saúco y una variedad de cereales.

En las *Metamorfosis* de Ovidio encontramos la historia de Baucis y Filemón, dos mortales comunes que ofrecieron hospitalidad a Zeus y Hermes cuando nadie más quiso recibir a los dioses disfrazados (véase «Tilo»). Baucis y Filemón eran pobres y tenían muy poco que ofrecer a sus invitados, pero Filemón «sirvió... encurtidos de cornejo madurados en otoño».

En Europa del Este y en Oriente Medio, el cornejo europeo ha sido valorado como alimento durante miles de años. Basta con revisar las estanterías de cualquier tienda de comestibles del este europeo para encontrar jugo de cornejo, cerezas de cornejo en almíbar y cerezas de cornejo secas enteras. En Irán, se utiliza para preparar *sharbat*, una bebida agridulce hecha al combinar el jarabe de fruta con agua.

En Estados Unidos, los jardineros conocen el cornejo europeo como un árbol ornamental de floración temprana. Es uno de los primeros árboles en florecer en primavera, produciendo delicadas flores amarillas antes de que broten las hojas. El fruto madura en otoño, pero la mayoría de los estadounidenses lo dejan para las ardillas, y eso es una lástima. Las cerezas de cornejo están maduras cuando caen del árbol, y adquieren un color rojo intenso o naranja amarillento, dependiendo de la variedad. Son excepcionalmente ácidas, con un sabor estupendo y una gran cantidad de pectina, lo que las convierte en el sueño de cualquier fabricante de mermeladas. ¿Comida para cerdos? ¡Ni hablar!

Silfio

Silphium

En la antigua Grecia, la planta del silfio tenía un valor comparable al de la plata y el oro. Era cara, escasa y única. Por desgracia, su valor y su deseabilidad llevaron a su extinción. ¿O no? Los griegos descubrieron esta planta cuando colonizaron la ciudad de Cirene, en Libia, en el siglo VII a. C. Muy pronto se convirtió en el producto comercial más importante de Cirene, tan importante que su imagen fue acuñada en las monedas de la ciudad. El silfio era alimento tanto para humanos como para animales, y además se consideraba una panacea medicinal. En una moneda de Cirene se ve a una mujer tocando una planta de silfio y señalando su zona genital, lo que indica su utilidad en la salud reproductiva femenina.

Los griegos creían que el silfio no podía cultivarse. Solo crecía en Cirene y únicamente en estado silvestre. Teofrasto explica cómo se realizaba la cosecha del silfio para preservar esta planta rara y preciosa: «Fijan cuidadosamente la cantidad adecuada que debe cortarse, teniendo en cuenta las cosechas anteriores y la disponibilidad de la planta».

Por desgracia, después de que la región se convirtiera en una provincia romana en el año 96 a. C., la situación del silfio se deterioró rápidamente. Anteriormente, los agricultores arrendatarios cosechaban la planta con cuidado y la protegían del pastoreo levantando muros de piedra alrededor de los campos de silfio. Pero los nuevos terratenientes ausentes decidieron que criar ganado en esas tierras sería más rentable. Más importante aún: los gobernadores romanos de Cirene eran designados por periodos de un solo año, y sus salarios dependían de cuánto ingreso podían generar en sus provincias. Explotaron el silfio sin pensar en el futuro. Para el siglo I d. C., Plinio el Viejo informa que el último tallo de silfio fue entregado al emperador Nerón.

¿Cómo se identifica una planta que ya no existe? Contamos con la descripción botánica de Teofrasto, quien vivió durante la época dorada del silfio, y con las monedas de la antigua Cirene. Teofrasto describe la planta como «de raíz gruesa, tallo semejante al del hinojo y hojas parecidas al apio». La mayoría de los botánicos coinciden en que esto ubica al silfio dentro del género *Ferula* (véase «Hinojo»), y hasta hace poco, la candidata más aceptada era *F. tingitana*—o hinojo gigante de Tánger. Sin embargo, *F. tingitana* tiene un alto contenido de amoníaco y su resina desprende un olor desagradable, lo que la convierte en una mala opción como alimento. Además, los tallos florales de *F. tingitana* están dispuestos de forma alterna sobre el tallo principal, mientras que las imágenes que tenemos del silfio—en monedas y numerosas estatuillas de arcilla halladas en excavaciones de Cirene—muestran los tallos florales en posiciones opuestas. Las representaciones antiguas del silfio son muy estilizadas y no deben considerarse ilustraciones botánicas precisas, pero la disposición de flores y hojas es un rasgo clave en la identificación vegetal, y el silfio era una planta bien conocida en su tiempo. Los botánicos antiguos sin duda habrían notado esa diferencia.

Aquí entra en escena Mahmut Miski, profesor de farmacognosia —el estudio de fármacos provenientes de fuentes naturales como plantas, animales y microbios— en la Universidad de Estambul, y la planta conocida como *F. drudeana*. Esta especie fue identificada por primera vez en 1909, aunque la conexión con el silfio no se estableció hasta casi un siglo después, gracias al profesor Miski. Él ha identificado más de treinta metabolitos secundarios en los tejidos de la planta, algunos de los cuales han demostrado poseer propiedades antiinflamatorias, anticancerígenas y anticonceptivas.

El profesor Miski también ha estudiado el hábitat donde crece *F. drudeana* hoy en día. Recordemos que los griegos afirmaban que el silfio solo crecía en una zona muy específica de Libia. Los dos sitios en la actual Turquía donde se han descubierto poblaciones de silfio son geográficamente inusuales y comparten muchas características con la antigua región de cultivo. Los sitios modernos en Turquía reciben deshielo regular y temperaturas frías en invierno. Las zonas del antiguo silfio libio hoy están cubiertas de bosques, con suelos fértiles y una precipitación anual de más de treinta pulgadas, algo muy distinto del paisaje desértico que domina hoy en Libia. ¿Por qué es esto importante? El profesor Miski descubrió que las semillas de *F. drudeana* requieren estratificación en frío para germinar. Logró recrear esas condiciones frías y húmedas en su laboratorio, pero esa combinación no es fácil de encontrar en el Mediterráneo. Los microclimas de los sitios del silfio, tanto en tiempos antiguos como modernos, proporcionan las condiciones ideales para la germinación de sus semillas. La dificultad para cultivar la planta es solo uno de los muchos factores que contribuyeron a la extinción del silfio. Recordemos que ya en la Antigüedad se reconocía el problema de la sobreexplotación y el pastoreo descontrolado. Investigaciones modernas han demostrado que F. drudeana es de crecimiento lento: puede tardar entre ocho y diez años en florecer. Además, una vez que florece y produce semillas, la planta muere.

F. drudeana cumple con muchos de los criterios que se asocian con el silfio. Es difícil de cultivar, requiere condiciones de crecimiento muy específicas, se parece físicamente a las representaciones antiguas de silfio, está cargada de fitoquímicos medicinales, y los experimentos culinarios han demostrado que es una planta deliciosa, a diferencia del sabor amoniacal de *F. tingitana*. Pero mientras no se puedan comparar restos de un silfio antiguo con especies vegetales modernas, no podemos saber con certeza si el silfio ha sido redescubierto. Por suerte, esto no es tan imposible como suena. La arqueología marina ha sacado a la luz muchos objetos fascinantes, sellados en ánforas, en las bodegas de antiguos naufragios. Y la ciudad de Cirene tenía un puerto: Apolonia, a solo once millas de distancia. Tal vez, en el fondo de ese puerto, yace un recipiente con resina de silfio, esperando ser descubierto.

Loto

Ziziphus lotus

De regreso a Ítaca tras la guerra de Troya, Odiseo se topó con sirenas, monstruos y encantadoras doncellas, todos los cuales retrasaron su retorno. En una ocasión, después de ser desviado por una tormenta, su barco llegó a las costas de lo que hoy es Libia, para reabastecerse de agua. Homero nos cuenta que estaban en «la tierra de los lotófagos, gente que come el loto, fruto y flor embriagadores».

Odiseo envió a unos cuantos hombres a hacer un reconocimiento... pero no regresaron. Entonces envió a unos más. Tampoco regresaron. ¿Habían sido atacados? ¿Capturados? ¿Asesinados? ¡No! Les habían dado a comer fruto de loto los lotófagos.

> *Cualquier tripulante que probara el loto,*
> *el fruto dulce como la miel,*
> *perdía todo deseo de enviar noticias, y mucho menos de regresar;*
> *su único anhelo era quedarse allí, con los lotófagos,*
> *alimentándose de loto, mientras todo recuerdo del viaje*
> *a casa se desvanecía para siempre.*

Los hombres de Odiseo habían sido drogados con una fruta deliciosa y mágica, y ahora no deseaban nada más que quedarse tirados en la playa, comiendo ese fruto con sus nuevos amigos. El loto era un alimento adictivo y narcótico que dejaba a los hombres de Odiseo atontados e insaciables.

Sin sus hombres, Odiseo sabía que no podría volver a casa. Así que los obligó a regresar a los barcos, con lágrimas corriendo por sus rostros. Los ató a los bancos de remo, y los pocos que no habían comido el fruto del loto remaron alejándose de la costa.

Imagina una fruta tan deliciosa y tan mágica que todo lo que deseas es pasar los días en las playas de África, comiendo y tomando el sol con tus compañeros. ¿Qué fruta podría ser?

Los escritores han especulado durante milenios sobre la identidad del mítico loto. Ciertamente, no se trataba de la planta que hoy conocemos como loto. *Nymphaea caerulea* es un nenúfar; cada flor produce un solo fruto ovoide de unos cinco centímetros. Es nativo de algunas regiones de África, y su fruto puede tener un efecto soporífero en pequeñas dosis o un efecto alucinógeno en dosis mayores.

Heródoto cuenta que los lotófagos vivían exclusivamente del fruto del loto, y que incluso lo usaban para hacer un vino dulce y potente. Describe el fruto como menor a medio centímetro de diámetro, agrupado en racimos, y con un sabor parecido al de los dátiles.

Teofrasto ofrece una descripción completa del loto mágico en su *Investigación sobre las plantas*. Describe el árbol como del tamaño de un peral, con frutos del tamaño de un frijol que crecen en racimos como las uvas, cambiando de color al madurar. Esta descripción coincide bastante bien con la del azufaifo silvestre, que crece en África. El azufaifo silvestre (*Ziziphus lotus)* es nativo del Mediterráneo. Prefiere climas cálidos y secos, suelos arenosos y bien drenados, y pleno sol. Su fruto pasa de verde a amarillo y luego a marrón rojizo al madurar, y alcanza poco más de un centímetro de largo.

Diospyros lotus (conocido como «ciruela dátil») es una fruta dulce y deliciosa, pero tiene unos dos centímetros de diámetro. ¿Es eso demasiado grande para considerarse del tamaño de un

frijol, como decía Teofrasto? La respuesta es no. Hoy en Grecia, los «gigantes» *gigantes plaki*, por ejemplo, son frijoles que alcanzan hasta dos o tres centímetros. La ciruela dátil no es nativa de Grecia ni de África, pero se cultiva en ambas regiones y se considera una de las plantas cultivadas más antiguas de la historia.

Si combinamos el efecto soporífero del loto azul, con el sabor delicioso de la ciruela dátil, la altura arbórea y el tamaño del fruto del azufaifo... y le añadimos una pizca de encantamiento mitológico, obtendremos el loto mágico. Pero si estamos buscando una planta real, el mejor candidato es el azufaifo silvestre.

Su pariente cercano, el azufaifo cultivado (*Z. jujuba*), se ha distribuido ampliamente por todo el mundo y resiste temperaturas de hasta −28 °C. Es fácil de cultivar y rara vez es atacado por plagas o enfermedades. Al igual que el silvestre, crece mejor a pleno sol, con riego moderado y suelos bien drenados.

En Estados Unidos, el azufaifo cultivado se valora tanto como planta ornamental como por sus frutos, especialmente en el suroeste. Su color cambia de verde oscuro a marrón rojizo al madurar, lo cual coincide con la descripción de Teofrasto. Fresco, tiene una textura crujiente; seco, es un bocadillo sabroso que puede usarse como los dátiles o las pasas. Sin embargo, podemos afirmar con seguridad que ni fresco ni seco te hará olvidar dónde vives.

Asfódelo

Asphodeline lutea, Asphodelus albus

Si hoy le preguntas a un jardinero si cultiva asfódelo, probablemente te mire con cara de no saber de qué estás hablando. Y, sin embargo, las dos plantas que hoy conocemos como asfódelo son excelentes plantas perennes para jardines soleados y con buen drenaje, resistentes en las zonas 6 a 9 de rusticidad del USDA (Departamento de Agricultura de EE. UU.). Son bulbos tolerantes a la sequía y, como la mayoría de los bulbos, prosperan mejor en regiones con inviernos secos, como las de clima mediterráneo. Pueden alcanzar entre un metro y metro veinte de altura en floración, y las flores de ambas especies son fragantes. Resulta asombroso que unas plantas tan hermosas y de tan bajo mantenimiento no se vean más a menudo en los jardines.

En la antigua Grecia, el asfódelo era valorado más por su comestibilidad que por su belleza. La planta fue creada por Deméter para alimentar a Heracles mientras cruzaba los desiertos de Libia camino a su undécimo trabajo. Los pitagóricos —seguidores del filósofo y matemático Pitágoras— consideraban al asfódelo como un alimento perfecto porque no requería intervención humana… y no se equivocaban. El asfódelo es una planta resistente, capaz de crecer en suelos pobres y con muy poca agua. Hesíodo alabó al asfódelo como alimento en *Los trabajos y los días,* llamándolo una gran bendición.

Teofrasto también elogia las virtudes comestibles de la planta:

> ***Proporciona muchas cosas útiles como alimento: el tallo es comestible cuando se fríe, la semilla cuando se tuesta, y, sobre todo, la raíz cuando se corta y se mezcla con higos; de hecho, como dice Hesíodo, la planta es sumamente provechosa.***

Y, sin embargo, a pesar de sus bonitas flores y de su utilidad como alimento, el asfódelo está a menudo asociado con la muerte en la mitología griega. De hecho, una sección entera del inframundo llevaba el nombre de esta planta.

Durante el periodo clásico (479-323 a.C.), la visión griega del más allá incluía tres regiones diferentes. Los verdaderamente malvados eran condenados al Tártaro, para recibir castigos eternos, mientras que los héroes y los parientes de los inmortales (como Helena de Troya, hija de Zeus) vivían felices en los Campos Elíseos, también conocidos como las Islas de los Bienaventurados. Todos los demás —la gran mayoría— iban a los Prados de Asfódelos, donde no experimentaban ni alegría ni dolor.

En la *Odisea* de Homero, Odiseo desciende al Hades para hablar con Tiresias (el vidente ciego). Después de que Tiresias le dé instrucciones sobre cómo regresar a Ítaca, Odiseo se queda para conversar con los fantasmas de familiares y amigos. Encuentra a héroes como Aquiles y Orión en los prados de asfódelos, pero el lugar es sombrío: allí vagan sombras sin alma, inquietas, sin recuerdos de sus vidas terrenales... hasta que beben la sangre de los carneros que Odiseo ha sacrificado.

Finalmente, Odiseo abandona el Hades, empujado de nuevo hacia la superficie por lo que podría describirse como la versión griega antigua de un apocalipsis zombi.

> ***Los muertos se agolpaban a mi alrededor,***
> ***oleadas de ellos,***
> ***miles alzando gritos de otro mundo,***
> ***y un pálido terror se apoderó de mí, presa del pánico,***

temí que la reina Perséfone pudiera hacer surgir desde la Muerte alguna cabeza monstruosa,
¡el rostro inmóvil de una Gorgona!

Nadie es realmente torturado en los prados de asfódelos, pero tampoco hay nadie feliz de estar allí.

Algunos estudiosos sugieren que las flores fantasmales, pálidas como ceniza, del asfódelo dieron nombre a esos lúgubres campos, pero claramente esos estudiosos no eran botánicos. Las flores del asfódelo no son color ceniza (gris); son de un amarillo radiante *(Asphodeline lutea)* o de un blanco brillante con toques rosados o violetas *(Asphodelus albus)*. Unos pocos textos antiguos describen el follaje como gris, pero eso tampoco es correcto. Algunas especies tienen hojas verdes, y otras, verde-azuladas.

Una pista de por qué algunos estudiosos habrán creído que las flores del asfódelo eran del color de la ceniza se encuentra en el griego original. En «Homer's Asphodel Meadow» (El campo de asfódelos de Homero), Steve Reece señala la similitud en griego antiguo entre «los prados de asfódelos» y «los prados llenos de cenizas». En inglés la diferencia entre *asphodel* y *ash-filled* es clara, pero en griego antiguo se trata de una sola

letra. Además, los antiguos griegos solían incinerar a sus muertos, convirtiéndolos en cenizas y liberando sus almas. Así que el inframundo quizá estuviera lleno de ceniza, sí... pero no de flores color ceniza. Y por último: las flores son bonitas y hacen feliz a la gente. Las cenizas no son bonitas y, en general, no hacen feliz a casi nadie. Los muertos, tampoco. Haz las cuentas.

El asfódelo solía plantarse alrededor de las tumbas, y era una planta sagrada tanto para Hades como para su esposa Perséfone. Hades (el dios, no el lugar) era a veces representado sosteniendo ramas de asfódelo, y Perséfone era coronada con hojas de asfódelo en su culto en la isla de Rodas.

Plinio el Viejo, en su *Historia Natural,* enumera cincuenta y un remedios con asfódelo, que van desde secar llagas pútridas hasta aliviar inflamaciones en los testículos y hacer que el cabello se rice. La llama «una de las plantas más célebres» y hasta menciona que con ella se puede hacer un pan saludable.

El follaje de ambas especies de asfódelo sigue usándose en la cocina griega y turca. Es necesario hervirlo para suavizar su amargor, pero muchas verduras muy apreciadas (como la achicoria, la escarola o la endibia) también son amargas cuando se comen crudas, así que no dejes que eso te desanime. Una vez cocido, el sabor del asfódelo se parece al de la espinaca. Las raíces son consideradas por algunos como alimento de hambruna y por otros como un sustituto sabroso de la patata, con un toque a nuez. La espiga floral, cocinada como si fuera espárrago, y las flores abiertas, añadidas crudas a ensaladas, son bastante sabrosas.

La miel de asfódelo es una especialidad de la Cerdeña actual, un producto de lujo elaborado exclusivamente con las flores del asfódelo silvestre. Sus productores (los humanos, no las abejas) alaban sus propiedades medicinales, y hay numerosos estudios en curso sobre el valor terapéutico de la planta, pero el asfódelo no forma parte de la medicina occidental contemporánea. Plinio estaría profundamente decepcionado.

Higuera

Ficus carica

Calcas fue un famoso sacerdote y vidente griego. Se profetizó que moriría al encontrarse con un adivino más dotado que él, y durante muchos años pareció que eso nunca ocurriría. Pero entonces conoció a Mopsos, quien lo retó a un duelo de adivinación. Encontraron una higuera cargada de higos, y Mopsos apostó que podría predecir con exactitud cuántos higos tenía el árbol y cuál sería el volumen total de la cosecha. Mopsos acertó, y Calcas cayó muerto en el acto, ya fuera por la impresión o por la vergüenza.

La higuera (*Ficus carica*) era tan importante en la antigua Grecia que existían leyes específicas sobre quién podía cosechar sus frutos y cuándo. Claro, los higos son deliciosos, pero, aún más importante, se pueden conservar fácilmente mediante el secado. Esto los hacía más valiosos que la mayoría de las frutas, porque, al igual que las uvas (que podían convertirse en pasas o en vino), los higos podían guardarse para épocas de escasez.

En *Las leyes*, Platón describe varias normas que regulaban la cosecha de higos:

- Cualquiera que recoja higos antes de que estén maduros deberá pagar 50 dracmas a Dioniso si los toma de su propia tierra, y 100 dracmas si los toma del terreno de su vecino.
- Si una persona esclavizada recoge higos sin permiso del dueño de la tierra, será azotada una vez por cada higo que haya recolectado.
- Un extranjero (con un solo acompañante) puede comer los frutos mientras viaja, como «un regalo de hospitalidad nacional». (Los griegos consideraban la hospitalidad hacia los forasteros tan importante que tenían una palabra especial para ello: *filoxenía*).

Plutarco nos cuenta que Solón, el legislador ateniense del siglo VI a. C., prohibió por completo la exportación de higos desde el Ática (la región de Grecia donde se encuentra Atenas), y la mayoría de los clasicistas coinciden en que la palabra «sicofante» proviene de *syka* (higos) y *phainein* (mostrar o delatar), es decir, aquellos que delataban a quienes exportaban higos de manera ilegal. Queda claro que los griegos se tomaban sus higos muy en serio.

Los higos formaban parte del trío agrícola más importante de la antigua Grecia, solo por detrás de las aceitunas y las uvas. Las evidencias arqueológicas indican que ya se cultivaban en Grecia desde principios de la Edad de Bronce (alrededor del 3000 a. C.). Los higos crecen rápidamente y pueden dar fruto a los tres o cuatro años de ser plantados. Pero cultivarlos en la antigua Grecia no era tan sencillo. El árbol no forma una flor tradicional —las flores se encuentran dentro del fruto—. Aunque algunas variedades modernas pueden fructificar sin necesidad de polinización, en la Grecia antigua los agricultores tuvieron que idear un sistema para sortear el complejo proceso de polinización. A ese sistema se lo conoce como «caprificación», y todavía se practica hoy con algunas especies de higos.

Así es como funciona la caprificación: se cortan ramas de *caprifig*, una variedad de higuera que da frutos no comestibles, pero que contienen flores masculinas. Estos pequeños frutos maduran en primavera y sirven de alimento para la avispa del higo; no son aptos para el consumo humano. Los agricultores cuelgan esas ramas cargadas de higos inmaduros en las higueras que sí producen frutos comestibles, los cuales maduran en otoño. Las avispas emergen de los *caprifigs*, vuelan hacia las higueras cultivadas y polinizan las flores femeninas dentro del fruto verdadero. ¡Merecido reconocimiento para el agricultor que descubrió semejante estrategia!

Para la época de Teofrasto (siglos IV a III a. C.), la caprificación era un conocimiento común, y él describe el proceso con claridad en su *Investigación sobre las plantas:* «De los higos silvestres que están colgados salen insectos de agalla, comen las puntas de los higos cultivados, y así los hacen hincharse». Teofrasto también comenta lo fácil que es propagar higueras por esquejes, una práctica que sigue vigente en la horticultura actual.

Pero los higos eran valorados por mucho más que su deliciosa fruta. Dioscórides nos dice que son buenos para los intestinos, que disuelven tumores y que sirven para tratar el tinnitus. La savia del higo se usaba (y aún se usa) como cuajo para la elaboración de quesos. Sócrates elogia las virtudes de la madera de higuera para la talla en el *Hipias Mayor* de Platón. Menciona un uso mundano (hacer un cucharón), pero hay un uso mucho más interesante de la madera de higuera que tiene que ver con el dios Dioniso.

Si te preguntas por qué Dioniso aparece tantas veces en estas páginas, es importante saber que era un dios de la vegetación y tenía relaciones con muchas plantas (véase «Hinojo» e «Hiedra»). También era un dios sexual, en formas poco convencionales para la antigua Grecia. En las celebraciones dionisíacas, los roles tradicionales de género solían invertirse, y la sexualidad del propio Dioniso era fluida. Lo que nos lleva a la historia de Dioniso, Prosimnos y el Falo de Madera de Higuera.

Esta historia no suele encontrarse en los relatos más conocidos de la mitología griega. La versión más completa que ha sobrevivido la cuenta Clemente de Alejandría, un teólogo cristiano del siglo II–III d. C., con la intención de desacreditar el culto pagano. Según su relato, cuando Dioniso quiso rescatar a su madre Sémele (véase «Vid») del Hades, pidió a Prosimnos que le indicara el camino. Prosimnos aceptó ayudarlo con una condición: que Dioniso tuviera relaciones sexuales con él. Dioniso aceptó, prometiendo volver tras haber recuperado a su madre. Cuando regresó, Prosimnos había muerto, pero Dioniso, fiel a su palabra, sintió que debía cumplir con su parte del trato. Talló un falo de madera de higuera y lo usó como consolador sobre sí mismo, en la tumba de Prosimnos.

¿Por qué madera de higuera? El higo era sagrado para Dioniso, y las higueras eran árboles comunes en la antigua Grecia, con una madera flexible y fácil de tallar. Los falos de madera eran elementos esenciales en los rituales dionisíacos, y aparecen representados en numerosas piezas de cerámica griega antigua. Heródoto menciona su uso en los festivales dedicados a Dioniso, y también describe el uso de marionetas con partes sexuales sobredimensionadas y móviles en ceremonias dionisíacas en Egipto.

Y, sin embargo, el higo también era símbolo de la sexualidad femenina. El fruto representaba la fertilidad por la cantidad de semillas que contenía, y su forma y color lo convertían en un sustituto evidente de la vulva. En *Paz* de Aristófanes, se usa en el mismo verso para referirse a ambos sexos: «El higo del novio es grande y grueso; el de la novia, muy suave y delicado». Está claro que el higo es una fruta muy sexy, y quien haya disfrutado del sabor y la textura seductora de un higo bien maduro probablemente esté de acuerdo.

Bellota

Quercus spp.

Hoy en día, si le dices a alguien que comes bellotas, probablemente te mire raro. Puede que incluso te adviertan de que las bellotas son tóxicas. (Los recolectores están acostumbrados a que los molesten por «comer como ardillas», sobre todo por parte de quienes nunca han probado el sabor rico y delicioso de la harina de bellota). Pero las bellotas han sido un alimento básico en todo el mundo durante milenios, y fueron especialmente importantes antes de la domesticación de los cereales. En Tesalia, los arqueólogos han descubierto restos de bellotas asociados a asentamientos humanos que datan de entre el 6400 y el 5600 a. C. Los primeros testimonios del consumo de bellotas en Grecia se encuentran en las obras de Hesíodo y Homero, durante el periodo Arcaico.

En *Los trabajos y los días* (un tratado sobre la agricultura y la moral), Hesíodo elogia las virtudes de la vida pastoril y describe la generosidad del roble:

> *La hambruna y la peste no acechan al justo,*
> *que labra con esmero sus campos y celebra festines.*
> *La tierra lo sostiene con generosidad; y en las colinas,*
> *el roble da bellotas en lo alto*
> *y mieles de abejas en lo bajo.*

Homero, que componía sus versos más o menos en la misma época, no estaba ni de lejos tan impresionado con las bellotas; las consideraba alimento para cerdos, no para hombres. En el libro X de la *Odisea*, la hechicera Circe convierte a los hombres de Odiseo en cerdos: «Se fueron a sus pocilgas, sollozando, chillando, mientras Circe les arrojaba bellotas, frutos de cornejo y hayucos, forraje común para puercos que hozan y se revuelcan en el barro». Quizás, siendo alguien más versado en la guerra que en la agricultura, Homero no estaba al tanto de lo sabrosas que pueden ser las bellotas.

Siglos más tarde, Sócrates podría haberlo ilustrado. En *La República* de Platón, Sócrates describe las bellotas como un manjar digno de una sociedad ideal: «Les ofreceremos postres —higos, legumbres y habas— y asarán bayas de mirto y bellotas junto al fuego, y beberán con moderación acompañando la comida».

A pesar de Sócrates, la mayoría de los griegos seguían considerando las bellotas como alimento para animales o pueblos primitivos. Los arcadios eran una de las tribus originarias que habitaban Grecia (es decir, se los consideraba primitivos), y en el siglo III a. C., Apolonio de Rodas los describe así: «Los arcadios, que vivieron incluso antes de la luna, se dice, comían bellotas en las colinas». En *Fastos*, Ovidio confirma que los humanos primitivos comían bellotas, pero explica que los cereales, el don de Ceres (nombre latino de Deméter), son un alimento superior.

Después se conoció la bellota: un hallazgo valioso,
pues el roble robusto ofrecía un tesoro abundante.
Ceres fue la primera en llamar a los hombres a una dieta mejor,
reemplazando sus bellotas por un alimento más nutritivo.

Ovidio pudo haber sido un poeta de primera categoría, pero no era nutricionista. Las bellotas son altamente nutritivas y proporcionan una fuente significativa de grasa, algo poco común en el mundo vegetal. Un artículo publicado por los Institutos Nacionales de Salud en 2020 muestra que las bellotas son «ricas en ácidos grasos insaturados y fibra, vitamina E,

clorofilas, carotenoides, compuestos fenólicos y propiedades antioxidantes».

En tiempos de cazadores-recolectores, conseguir calorías no era fácil, y las bellotas estaban repletas de ellas. Cien gramos de harina de bellota aportan 501 calorías y 30,2 gramos de grasa, mientras que 100 gramos de harina de trigo integral proporcionan solo 370 calorías y 2,73 gramos de grasa. Además, la harina de bellota no contiene gluten. Teniendo en cuenta la cantidad de personas hoy en día que prefieren harinas sin gluten, así como la popularidad de la dieta keto (alta en grasas), puede que las bellotas estén a punto de vivir un regreso triunfal.

En la antigua Grecia, las bellotas no solo eran un alimento importante. Sus cúpulas también eran útiles (aunque no comestibles), y las más grandes y valiosas provenían del roble Valonia. El nombre *Valonia* puede ser una corrupción de la palabra griega para bellota, *βάλανος* (pronunciado vá-la-nos), o tal vez derive del puerto albanés de Valona, originalmente una colonia griega y hoy conocida como la ciudad de Vlorë. El puerto estaba rodeado de robles Valonia, y durante siglos exportó cúpulas de bellota a tenerías de toda Europa.

«¿Por qué cúpulas de bellota?», podrías preguntarte. Las bellotas del roble Valonia (*Quercus ithaburensis* subsp. *macrolepis*) son enormes (pueden llegar a medir hasta cinco centímetros de diámetro) y tienen un aspecto muy particular. Sus cúpulas son frondosas y cubren casi toda la nuez, y contienen grandes cantidades de taninos. Los taninos son los responsables del sabor amargo de las bellotas, y deben eliminarse mediante lavado para que la mayoría de ellas sean comestibles y seguras. Pero esos mismos taninos son un compuesto natural útil, históricamente utilizado para teñir, fabricar tinta y curtir cuero.

Aunque fueron mayormente reemplazados por productos químicos industriales en los años 60, el curtido con cúpulas de bellota Valonia está viviendo un renacimiento entre los curtidores artesanales. El cuero curtido con estas cúpulas es considerado más duradero y resistente que el curtido químico, además de tener mayor fijación del color y ser más ecológico.

Las bellotas no solo tenían usos prácticos en la antigua Grecia, también eran símbolos de sexualidad y fertilidad, ya que los griegos pensaban que la bellota se parecía a la cabeza del pene. En *Lisístrata*, de Aristófanes, la bellota forma parte de una elaborada metáfora sexual que implica encajar un eje en un orificio. Se fabricaban jarras en forma de bellota para almacenar aceite, y las bellotas doradas eran un motivo decorativo habitual en copas de libación, joyas y magníficas coronas macedonias hechas en forma de hojas de roble y bellotas.

Hoy en día, muchos jardineros consideran las bellotas una molestia. Brotan en el césped, son incómodas bajo los pies y atraen ciervos al jardín. Pero si le preguntas a cualquier recolector, te dirá que las bellotas suponen una cosecha abundante y fácil de recolectar, y que una vez secas, las nueces pueden conservarse durante años si se almacenan correctamente. Tras pelarlas, molerlas y lavarlas para quitar los taninos, las bellotas producen una harina rica y sin gluten, que puede usarse en todo tipo de platos dulces o salados.

Procesar bellotas lleva trabajo, aunque la invención de cascanueces industriales y batidoras potentes ha hecho que todo sea más rápido que hace cuatro mil años. Pero la harina es sabrosa y nutritiva, y el atractivo de un alimento gratuito es innegable. Quizás ha llegado el momento de recuperar la dieta pastoril de los arcadios, mientras labramos nuestros campos y rendimos culto a los olímpicos.

METAMORFOS

Laurel

Metamorfosis en plantas

Morera

Pino

Tilos

Moly

Laurel

Laurus nobilis

Zeus no era el único dios con ojo inquieto. Su hijo Apolo no se quedaba atrás, y todo comenzó con un encuentro fortuito en el bosque, al menos según las *Metamorfosis* de Ovidio. Apolo pasea entre los árboles, después de haber matado a la Pitón, una enorme serpiente/dragón, cuando se topa con Eros (también conocido como Cupido, dios del amor erótico y el deseo), el joven hijo de Afrodita. Eros está tensando su arco, y Apolo lo insulta.

> ***¿Qué haces tú con armas de hombres, muchacho lascivo?***
> ***Ese arco es digno de nuestros brazos, con los que abatimos a las fieras salvajes...***
> ***Conténtate con encender aventuras amorosas***
> ***con tu antorchita ¡y no reclames nuestra gloria!***

A lo que Eros respondió de manera poco respetuosa a Apolo (también conocido como Febo):

> ***Tu flecha, Febo, puede herirlo todo;***
> ***la mía te herirá a ti:***
> ***como los animales a los dioses,***
> ***¡así de menor es tu gloria frente a la mía!***

Y entonces apareció la ninfa Dafne, en el lugar equivocado en el momento equivocado. Dafne era seguidora de Artemisa y una cazadora experta, con voto de castidad. Eros sacó dos flechas de su carcaj. Disparó a Apolo con una flecha de punta dorada que lo hizo enamorarse perdidamente. A Dafne le disparó con una flecha de punta de plomo, que le provocó solo miedo y repulsión.

Ella huyó, y Apolo, poco acostumbrado al rechazo, intentó convencerla de que era digno de su amor alardeando de su linaje. (Júpiter es el nombre romano de Zeus):

¡No tienes idea, muchacha temeraria, no tienes idea
de quién huyes, y por eso huyes!
¡Me adoran en la ciudad de Patara!
...
Júpiter es mi padre.

Es inútil huir de un dios. Cuando Dafne se dio cuenta de que pronto sería alcanzada, clamó a su padre, el dios río Peneo, rogándole que la salvara. Inmediatamente sintió una sensación de transformación que comenzaba en sus pies y subía por su cuerpo: su carne se cubrió de corteza, sus brazos se volvieron ramas y sus pies echaron raíces en la tierra.

Apolo abrazó el árbol y juró que lo mantendría sagrado por siempre. Lo hizo perenne, otorgándole a Dafne una forma de inmortalidad, y desde entonces llevó siempre una corona de hojas de laurel en su cabello. Su lira fue tallada en madera de laurel, al igual que su carcaj.

Otra versión del mito describe a Dafne como hija de Amiclas, un rey espartano. Un día, mientras cazaba, fue vista por un joven llamado Leucipo, quien se enamoró de ella. Leucipo se disfrazó de mujer para poder disfrutar de su compañía, y rápidamente se hicieron grandes amigos. Pero Apolo también amaba a Dafne, y estaba celoso de Leucipo. Inspiró a Dafne a bañarse en un manantial cercano junto a sus acompañantes, pero Leucipo se negó a unirse. Las mujeres, entre bromas y juegos, comenzaron a desnudarlo, quizás en un principio con el tono festivo de una inocente noche de chicas. Pero al descubrir que era un hombre, lo mataron. Aquí entra en escena Apolo, que aprovechó la oportunidad para acercarse a Dafne. Ella huyó, y justo cuando estaba a punto de ser alcanzada por el dios, rogó a Zeus que la salvara, y él la convirtió en un árbol de laurel.

En otras versiones, es Gea quien transforma a Dafne en laurel, y en algunos relatos su padre no es el dios río Peneo ni el rey espartano Amiclas, sino Ladón. Pero todas las versiones coinciden en el final: la salvación de Dafne siempre llega por medio de la metamorfosis en árbol de laurel.

Muchos estudiosos insisten, sin embargo, en que el laurel ya estaba asociado con Apolo mucho antes de que se enamorara de Dafne. En su obra *Hécuba*, Eurípides muestra a las mujeres troyanas cautivas, esperando su destino a manos de los griegos vencedores. Ellas especulan sobre su futuro, preguntándose si podrían terminar como sacerdotisas en Delos, la isla donde Leto dio a luz a Apolo y a su hermana gemela Artemisa. ¿Acaso servirían en «Delos, enviadas por remo de mar, a sufrir vida en el templo donde surgieron la palma y el laurel con los dolores del parto gemelar de Leto»? Esto sitúa el origen del laurel en el nacimiento de Apolo.

Uno de los mitos más antiguos de Apolo involucra el asesinato de la Pitón, una serpiente/dragón gigante que aterrorizaba a la población en lo que hoy conocemos como Delfos. Apolo mató a la Pitón y luego construyó el santuario de Delfos sobre su cuerpo. Pero la Pitón era hija de Hera, y a ella no le agradó nada que uno de los hijos ilegítimos de su esposo la hubiera matado. Para expiar este crimen, Apolo tuvo que ser purificado con ramas de laurel.

Esta es solo una de las muchas ocasiones en que el laurel aparece en historias asociadas con Apolo, Delfos y la Pitón. La sacerdotisa de Delfos era conocida como la Pitia, y algunos eruditos clásicos antiguos especularon que masticaba hojas de laurel para alcanzar su estado profético, aunque investigaciones modernas han demostrado que las hojas de laurel no tienen propiedades psicoactivas.

Apolo dio su nombre a los Juegos Píticos en honor a la Pitón, y los ganadores de esos juegos eran coronados con ramas y hojas de laurel. (Las mujeres podían competir en los Juegos Píticos, y una inscripción registra la victoria de Tryphosa en la carrera de niñas. Si Dafne hubiera corrido tan rápido como Tryphosa, quizás habría logrado escapar de Apolo.)

El laurel era una hierba purificadora tradicional en la antigua Grecia y se creía que protegía contra los espíritus malignos. Así como Apolo se purificó con ramas de laurel, también se usó laurel para purificar a Orestes, quien mató a su madre Clitemnestra (que a su vez había matado a su esposo Agamenón, quien antes había sacrificado a su hija Ifigenia). En *Ion,* de Eurípides, Ion dice mientras purifica el templo de Apolo: «Ven, rama de laurel de hermoso florecer, con la que barro el recinto sagrado bajo el santuario». Y en los *Caracteres,* Teofrasto describe al hombre supersticioso que mastica una hoja de laurel para protegerse de poderes invisibles.

Dioscórides recomienda el laurel como antiinflamatorio, abortivo y tratamiento para la tuberculosis. Aunque hoy en día las investigaciones modernas han confirmado las propiedades antiinflamatorias y cicatrizantes del laurel, la mayoría de nosotros lo usamos como hierba culinaria más que como medicina.

El laurel es resistente en las zonas 8 a 10 de rusticidad. Es una planta perenne muy atractiva, con hojas verdes oscuras y coriáceas. Crece mejor en semisombra y con humedad media. Su follaje puede usarse fresco o secarse y almacenarse para usos posteriores. También puede cultivarse en macetas como planta de interior en regiones donde los inviernos son demasiado fríos para que sobreviva al aire libre. En maceta rara vez supera los 90–150 cm de altura, pero en su hábitat natural puede alcanzar entre 3 y 9 metros.

En su *Descripción de Grecia*, Pausanias cuenta que el santuario más antiguo de Apolo en Delfos fue construido con ramas de laurel traídas del valle de Tempe, una garganta que, según se dice, fue esculpida entre las rocas de Tesalia ya sea por el tridente de Poseidón o por Heracles, cuando desvió el río Peneo para limpiar los establos de Augías en su quinto trabajo.

¿Te suena el nombre Peneo? Era el padre de Dafne… y hemos regresado al punto de partida.

Metamorfosis en plantas

Convertirse en planta era sorprendentemente común en la mitología griega. A veces era una recompensa por la virtud; otras, un castigo por la *hybris* (la arrogancia ante los dioses), y en muchos casos, la planta resultante servía como memorial de un ser querido perdido.

Azafrán

Crocus sativus

Existen dos versiones sobre el origen de la flor del azafrán. En una de ellas, Krokos era un mortal amado por Hermes. Un día estaban lanzando el disco cuando, por accidente, Hermes golpeó a Krokos y lo mató. Afligido, Hermes lo transformó en una flor, y la sangre de Krokos se convirtió en los brillantes estigmas del azafrán.

En una versión alternativa, Krokos estaba enamorado de la ninfa Smilax. En algunas versiones, su amor no era correspondido

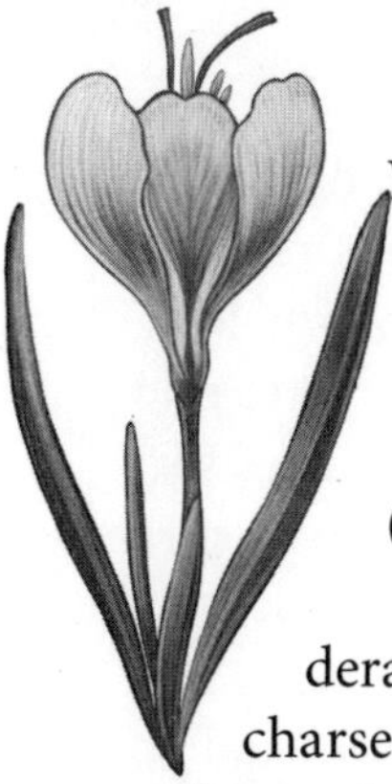

y se quitó la vida. El primer *Crocus* brotó de su tumba. En otras versiones, como él era mortal y Smilax una ninfa, no podían estar juntos. Los dioses, compadecidos, los transformaron: a Krokos en flor de azafrán y a Smilax en la enredadera smilax (*Smilax* spp.).

Hoy en día, la smilax es considerada una enredadera espinosa y molesta. Es más conocida por engancharse a la ropa cuando uno camina por el bosque. Sin embargo, los recolectores saben que los brotes tiernos de smilax son un sabroso tentempié de sendero. En contraste, el croco del azafrán es un bulbo otoñal muy apreciado que crece mejor a pleno sol. Cada flor produce solo tres valiosos estigmas, que deben recolectarse a mano y luego secarse. ¡Con razón el azafrán es una de las especias más caras del mundo!

— Ciprés —

Cupressus sempervirens

Cipariso era un hermoso muchacho, amado por Apolo. Ovidio cuenta la historia del amor de Cipariso por un ciervo de majestuosos cuernos dorados y pendientes de perla. Algunos dicen que el ciervo fue un regalo de Apolo a su amante; otros aseguran que el animal vagaba libremente por la isla de Kos, donde vivía el joven. En cualquier caso, el muchacho y el ciervo eran inseparables.

Cipariso le mostraba los mejores pastos y el ciervo le permitía montarlo. Un día, mientras practicaba con la jabalina, Cipariso mató al ciervo por accidente. No lo había visto, escondido en la sombra del bosque. Apolo intentó consolar a su amante, pero Cipariso no dejaba de llorar; pidió a los dioses que le permitieran hacer duelo por siempre. Así fue transformado en un ciprés, y sus lágrimas se convirtieron en las gotas de resina que el árbol exuda.

Desde entonces, el ciprés ha estado asociado con la tristeza y el luto. En la *Eneida*, Virgilio describe

cómo Eneas adorna la tumba de Polidoro con ramas de ciprés. Los antiguos comentaristas de la *Eneida* explican dos razones para este simbolismo: 1) una vez cortado, el ciprés no vuelve a brotar desde las raíces. En otras palabras, cuando muere, está muerto de verdad. Y 2) la fragancia intensa de sus ramas servía para contrarrestar el hedor de la muerte cerca de la pira funeraria.

Plinio el Viejo afirma que el ciprés era sagrado para Hades y que a menudo se colocaba en la entrada de las casas como señal de duelo.

Heliotropo

***Heliotropium* spp.**

La ninfa Clitia amaba al dios del sol, Helios. Y él también la amó... por un tiempo. Pero cuando la dejó por la princesa Leucótoe, una simple mortal, Clitia no lo soportó. Algunos dicen que lamentó la pérdida de su amor de forma pasiva, consumiéndose poco a poco mientras lo observaba, sin parpadear, recorrer el cielo cada día.

Ovidio, sin embargo, cuenta que Clitia buscó venganza: le reveló al padre de Leucótoe la indiscreción de su hija. Furioso por su conducta deshonrosa, el rey ordenó que la enterraran viva, y así murió. Pero ni aun así encontró Clitia consuelo. Se sentó al aire libre, desnuda, sin comer ni beber, mirando fijamente a Helios. Finalmente echó raíces y se transformó en una pequeña flor morada: el heliotropo. En los jardines de hoy, el heliotropo suele cultivarse como anual, aunque es perenne en las zonas más cálidas y áridas. Sus flores perfumadas realmente giran sobre sus tallos, siguiendo a Helios mientras cruza el cielo.

— Jacinto —

Hyacinthus orientalis

Jacinto (*Hyakinthos*) era un hermoso joven espartano, amado tanto por Apolo como por Céfiro, el dios del viento del oeste. Pero Jacinto prefería a Apolo. Un día, mientras jugaban a lanzar el disco (nota mental: evita jugar al disco con dioses), el celoso Céfiro desvió el disco con una ráfaga de viento, y este golpeó a Jacinto, matándolo.

Apolo quedó desconsolado y pidió ser mortal para poder unirse a su amado, pero eso era imposible para un olímpico. Así que creó la flor del jacinto a partir de la sangre de su amor. Desde entonces, los espartanos celebraban un festival en su honor, que combinaba el lamento por su muerte con la celebración de su renacimiento. Morir por culpa de un disco lanzado con celos divinos quizá no fue precisamente una recompensa, pero que te dediquen un festival eterno… es una buena compensación.

Espuela de caballero

Consolida ajacis

Después de que Aquiles muriera en la guerra de Troya, su madre, la ninfa Tetis, proclamó que su armadura debía ser entregada al más valiente de los griegos. Odiseo y Áyax (el segundo mejor guerrero griego después de Aquiles) reclamaron el premio, ya que ambos habían defendido el cadáver de Aquiles en el campo de batalla.

Agamenón otorgó la armadura a Odiseo, y Áyax estalló de furia. Quería vengarse. Pero Atenea, la protectora de Odiseo, hizo que Áyax enloqueciera y alucinó creyendo que los rebaños de ganado eran los camaradas que le habían traicionado. Cuando recobró la cordura y comprendió lo que había hecho, se sintió tan avergonzado que se quitó

la vida lanzándose sobre su espada. De su sangre brotó la flor conocida como espuela de caballero.

Muchos narradores afirman que los pétalos de la flor llevan inscritas las letras «ai ai», que podrían interpretarse como el equivalente griego antiguo de «¡ay de mí!» o bien como una evocación fonética del nombre Áyax. Si logras ver algo parecido a esas letras en los pétalos de una espuela de caballero, mereces una estrella dorada.

En la antigua Grecia, esta planta se consideraba un tipo de *delphinium*. Incluso hoy en día, los taxónomos a veces agrupan ambas especies. Dioscórides describe las dos y recomienda el *delphinium* para curar picaduras de escorpión, y la espuela para cálculos renales, ictericia y malestares gastrointestinales. La medicina moderna no coincide en que sea seguro consumir ninguna de estas plantas, pero los jardineros de todo el mundo están de acuerdo en algo: sus flores son absolutamente hermosas.

Menta

***Mintha* spp.**

Minte era una ninfa y la concubina de Hades. Cuando Perséfone llegó al inframundo como reina, Minte se jactó de ser más hermosa que ella y aseguró que pronto ocuparía su lugar en el trono.

En algunas versiones del mito, fue Perséfone quien transformó a la ninfa en la planta de menta. En otras, Perséfone la despedazó con sus propias manos. En otra versión más, fue Deméter quien aplastó a Minte hasta matarla para preservar el lugar de su hija como legítima reina del inframundo. A Hades se le atribuye haberle dado a la planta su característico aroma, en un gesto de recuerdo afectuoso hacia su antigua amante.

Plinio el Viejo recomienda la menta como remedio para un sinfín de dolencias, incluyendo el cólera, la gota y los gusanos que crían en los oídos. También creía que prevenía los sueños lascivos, aunque Dioscórides dice exactamente lo contrario: que la menta incita al deseo. Además, señala que es buena para el estómago y que calma los vómitos y la bilis. Las investigaciones modernas sobre las propiedades medicinales de la menta han revelado que varias especies contienen altos niveles de antioxidantes, los cuales están siendo estudiados por su capacidad para eliminar radicales libres del cuerpo. Las propiedades antibacterianas, antifúngicas y antivirales de ciertas mentas también muestran un gran potencial terapéutico.

Los jardineros saben que la menta puede ser una planta invasora, y por eso generalmente se recomienda cultivarla en macetas. Incluso así, puede llegar a extender raíces por el fondo del recipiente en busca de más tierra que conquistar. Crece mejor a pleno sol y con riego regular. Como hierba culinaria, puede usarse tanto fresca como seca, y una taza de té de menta es un remedio suave y eficaz para el malestar estomacal. Tal como lo dijo Dioscórides.

Carrizo

Arundo donax

Pan, dios de los pastores y los cazadores, era hijo de Hermes y se aparecía como mitad hombre, mitad cabra. Pan se enamoró de la ninfa Siringe, pero ella era seguidora de Artemisa y había decidido permanecer virgen. Cuando Pan la persiguió, Siringe clamó a las ninfas del río más cercano para que la ayudaran. Justo cuando Pan estaba a punto de abrazarla, las ninfas la transformaron en carrizo, y al suspirar Pan con decepción, su aliento cruzó las cañas huecas y produjo un sonido musical.

Pan recolectó los tallos, los ató entre sí, y así nació la flauta de Pan, también conocida como siringa.

Los tallos de *Arundo donax* se siguen utilizando hoy en día tanto para fabricar flautas de Pan como para lengüetas de instrumentos de viento madera. A pesar de todos nuestros avances tecnológicos, aún no se ha desarrollado un material artificial que iguale su calidad de sonido.

Aunque los aficionados pueden usar lengüetas de plástico, los profesionales las rechazan por considerarlas inferiores.

Transformar tallos de carrizo en lengüetas es un proceso largo que requiere meses desde la cosecha hasta el secado, el corte, el remojo y el afinado. Por eso resultan tan caras. Pero su estructura celular única les permite difundir las vibraciones con gran eficiencia; en otras palabras, realmente producen una música hermosa. Actualmente, en la Universidad de Reading, en Inglaterra, se están llevando a cabo estudios sobre las propiedades químicas, biológicas y físicas de esta caña, con la esperanza de desarrollar una alternativa sintética.

La metamorfosis era común en la mitología griega. A veces era una respuesta a una súplica, otras un memorial, y otras veces era impuesta como castigo. Nunca sabías con quién te ibas a cruzar en el bosque… ni cómo terminaría una simple partida de lanzamiento de disco.

Morera

Morus spp.

En el libro IV de las *Metamorfosis*, Ovidio narra la historia de Píramo y Tisbe. Crecieron puerta con puerta en Babilonia, pero sus padres eran enemigos y les prohibieron encontrarse. Al ser vecinos (y niños), no pudieron evitar la curiosidad mutua. Píramo escuchaba la risa de Tisbe cuando jugaba afuera, y Tisbe lo observaba cada vez que él salía de su casa.

Con los años, aquella curiosidad se transformó en deseo, y un día descubrieron una grieta en el muro que separaba sus hogares. Comenzaron a encontrarse allí, susurrando a través del resquicio. Aunque no podían tocarse, se mantenían junto al muro, donde «sus alientos cálidos se tocaban de labio a labio». ¿Y cuándo han podido resistirse al amor prohibido dos adolescentes impulsivos y ardientes? Se juraron pasión eterna y acordaron encontrarse bajo una morera blanca, fuera de la ciudad.

Tisbe se cubrió con un velo para no ser reconocida y logró salir de casa sin ser vista. Llegó primero al árbol y, mientras esperaba, un león se acercó al manantial cercano. Venía de devorar a su presa, aún cubierto de sangre. Tisbe huyó, aterrada, y en su apuro dejó caer el velo al suelo. El león lo recogió entre sus mandíbulas ensangrentadas, luego lo dejó caer para beber del manantial y siguió su camino.

Cuando Píramo llegó, encontró el velo ensangrentado y las huellas del león, y saltó a la peor conclusión posible. Se culpó a sí mismo por la muerte de Tisbe, tomó su espada y se la clavó en el corazón. «Su sangre salió a borbotones», manchando los frutos blancos de la morera y tiñéndolos de oscuro. Más sangre se filtró en la tierra y fue absorbida por las raíces del árbol, lo que otorgó a las bayas su color púrpura.

Poco después, Tisbe regresó al árbol, esperando que el león se hubiera marchado y que Píramo ya estuviera allí. Confundida, se preguntó si acaso estaba en el lugar correcto. ¿Era ese el mismo árbol? Las moras ya no eran blancas: se habían vuelto púrpuras. Al ver a su amado herido, lo sostuvo entre sus brazos, llamándolo por su nombre. Los ojos de Píramo se abrieron lo suficiente como para verla una última vez antes de morir.

Tisbe encontró su velo manchado de sangre y la espada de Píramo. Comprendió que él se había quitado la vida por amor y culpa, y juró que nada los separaría jamás. Tomó el arma, se la clavó en el corazón y, con su último aliento, pidió a los dioses y a sus padres enfrentados que permitieran que sus cuerpos descansaran juntos por toda la eternidad.

Los dioses escucharon su súplica y cambiaron para siempre el color del fruto de la morera: de blanco a púrpura, como tributo a Píramo y Tisbe. Sus padres enterraron las cenizas de ambos en una sola urna.

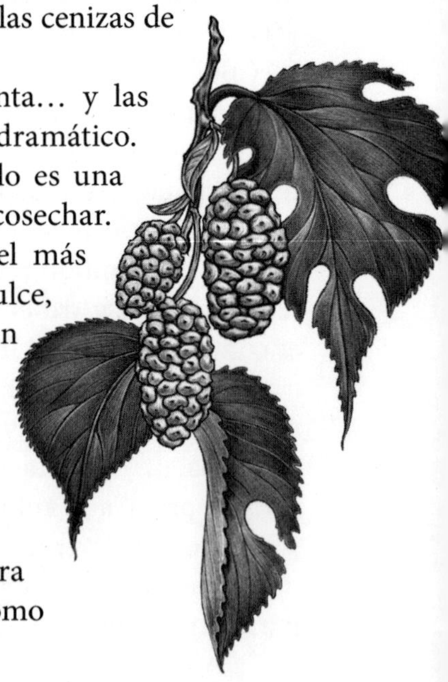

Es una historia dramática, sangrienta… y las moras también son un fruto bastante dramático. De hecho, verlas estampadas en el suelo es una señal excelente de que están listas para cosechar. Una mora madura se desprende con el más leve roce, y su sabor es intensamente dulce, sin acidez alguna. Las que se arrancan antes de tiempo suelen decepcionar. El modo más eficiente de recolectar moras maduras y sabrosas es extender una sábana o lona bajo el árbol y sacudir las ramas para que el fruto caiga.

Si estás pensando en plantar una morera en tu jardín, fíjate bien en la etiqueta. Como algunas personas consideran la fruta un fastidio, existen cultivares modernos de la morera blanca que no dan fruto. Son árboles ornamentales muy bonitos, pero decepcionarán a quienes sueñan con recoger sus moras.

Los botánicos, recolectores y jardineros modernos están de acuerdo en que el color del fruto de la morera blanca es cambiante. De hecho, esta mutabilidad puede haber sido una de las inspiraciones del mito. La morera blanca no siempre produce frutos blancos. Las bayas a menudo (pero no siempre) maduran de blanco a rojo y a púrpura, cambiando de color igual que lo hacía la fruta en Babilonia, pero sin el derramamiento de sangre.

Pino

Pinus spp.

El pino tiene un origen especialmente sangriento. No sorprende que existan varias versiones del mito, todas ellas implicando castración y muerte. En *Fastos*, Ovidio cuenta que Atis llamó la atención de la diosa Cibeles, quien le pidió que sirviera como sacerdote en su templo. A cambio, debía mantenerse casto, y Atis prometió cumplirlo. Lamentablemente, se enamoró de una ninfa y rompió su voto. Una Cibeles celosa mató a la ninfa y volvió loco a Atis; en su locura, él mismo se castró y luego se quitó la vida. Cibeles, llena de remordimiento, le pidió a Zeus que lo devolviera a la vida, pero en su lugar, Zeus lo transformó en un pino. Desde entonces, Cibeles fue servida por sacerdotes eunucos que se autocastraban en honor a Atis.

¿Demasiado sangriento? Aquí va otra versión: Pan, dios de los pastores y los cazadores, era conocido por su libido indiscriminada. Persiguió a la ninfa Pitis, quien había jurado permanecer virgen toda su vida, y mientras ella huía, Gea (la Madre Tierra) la transformó en un pino para salvarla. Desde entonces, el pino se volvió sagrado para Pan. Otra versión alternativa dice que Pitis era amada tanto por Pan como por Bóreas (el viento del norte), y que eligió a Pan como amante. Enfurecido, Bóreas arrojó a Pitis desde un acantilado y la mató, y Gea la transformó en un pino. Tal vez no sea tan sangrienta como la historia de Atis, pero feliz tampoco es.

El héroe Teseo también dejó su marca en la historia violenta del pino. Camino a Atenas para reclamar el derecho de nacimiento que le correspondía de parte de un padre al que jamás había conocido (véase «Aconito»), Teseo se cruzó con el bandido Sinis, también conocido como «El que dobla los pinos». Sinis asaltaba a los viajeros, los ataba a dos pinos doblados hacia el suelo y luego soltaba los árboles, despedazando así a sus víctimas. Por suerte (para la justicia poética), Sinis murió víctima de su propia trampa: Teseo lo ató a dos pinos y lo mató exactamente del mismo modo en que el bandido había asesinado a tantos inocentes. Luego Teseo se acostó con la hija de Sinis. Ya sabes... porque podía.

A pesar de sus asociaciones con la muerte y la violencia, algunos griegos antiguos apreciaban las virtudes del pino. Pan era frecuentemente representado con una corona de ramas de pino, para mantener cerca la memoria de Pitis. El pino también era sagrado para Poseidón (dios del mar) por varias razones: su madera era resistente a la descomposición y se consideraba ideal para la construcción naval. Además, su resina se usaba para sellar las grietas entre las tablas de los barcos. En los Juegos Ístmicos, dedicados a Poseidón, los vencedores eran coronados con ramas de pino.

Los griegos antiguos consideraban los pinos símbolos de fertilidad, por su abundancia y persistencia. Las ramas de pino eran ofrendas esenciales durante las Tesmoforias, el festival de fertilidad dedicado a Deméter y Perséfone y reservado a las mujeres casadas. Meses antes de las Tesmoforias, se arrojaban a grietas sagradas en Eleusis (véase «Cebada») ramas de pino, pasteles con forma de órganos genitales masculinos (sí, en serio) y lechones. Estos eran recuperados meses después, ya en estado de descomposición, y mezclados con semillas para asegurar una buena cosecha. ¿Te suena descabellado? Al sembrar, las ramas de pino aportaban materia orgánica al suelo y quizás actuaban también como cobertura vegetal.

Tal vez el uso más conocido del pino era como remate del báculo de Dioniso, el tirso (véase «Hinojo»). Durante años, los estudiosos han debatido la composición y el simbolismo del tirso. ¿Representaba el falo, símbolo importante de fertilidad entre los devotos de Dioniso? ¿Estaba coronado con una piña o con un hongo psicoactivo? ¿Tenían las plantas que lo componían significados rituales? La mayoría de los clasicistas coincide en que, si el tirso llevaba algo en su extremo, lo más probable es que fuera una piña, lo que establece una clara conexión entre el dios del vino y el árbol del pino.

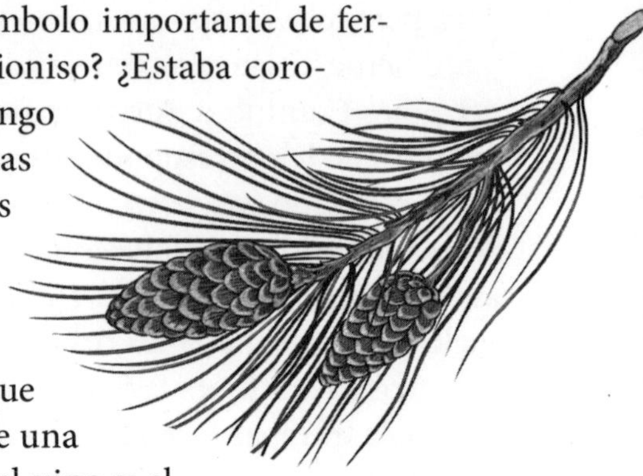

La relación más evidente entre el pino y el vino no es la rima, son las ánforas. El ánfora era un recipiente de barro con dos asas que se usaba para almacenar aceite, grano y otros alimentos, aunque sobre todo vino. La resina de distintos tipos de pino y abeto se empleaba para sellar las ánforas, y también para recubrir su interior, lo que ayudaba a evitar que el vino se oxidara a través de los porosos laterales de la vasija. Teofrasto describe las distintas especies de pinos y abetos que producen resina, cómo debe recolectarse y cuál es la mejor para sabor y consistencia, lo que sugiere que la resina no solo servía para sellar, sino también para aportar sabor.

Quien haya probado alguna vez *retsina*, el vino resinado por el que Grecia es famosa, ha saboreado un pedazo de historia antigua. Análisis modernos de piezas de cerámica que alguna vez contuvieron vino han revelado la presencia de ácidos propios del pino de Alepo *(Pinus halepensis)*, lo que nos indica que la *retsina* se remonta al periodo minoico temprano (aproximadamente 2200 a. C.). Los terpenoides de la resina protegían el vino de volverse vinagre. La *retsina* de antaño podía ser áspera, con un perfil que recordaba al aguarrás, pero hoy en día puedes encontrar versiones con solo un delicado toque resinoso. Es la bebida ideal, bien fría, para una tarde calurosa en el Mediterráneo.

La resina no era el único producto alimenticio valioso que los griegos antiguos extraían del pino. Excavaciones en Krania, en Macedonia del sur, revelaron una taberna con restos de piñones.

La taberna data del periodo helenístico (323–31 a. C.), y los arqueobotánicos han identificado los piñones como semillas de *Pinus pinea* (el pino piñonero), que todavía prospera en Grecia.

En Messene (al suroeste del Peloponeso), los arqueólogos encontraron restos de semillas de pino piñonero quemadas que datan del siglo III a. C. Se cree que formaban parte de una ofrenda sacrificial en el monumento a un héroe local. Los piñones no habían sido ni abiertos ni comidos, y como al quemarse sueltan un aroma cálido y delicioso, eran la ofrenda ideal: un snack para los dioses, versión aromática.

Hoy en día los piñones siguen siendo protagonistas en la cocina griega, tanto en platos dulces como salados. Los vas a encontrar en *dolmades*, *halva* y en una salsita de piñones que se hace moliendo piñones con ajo, aceite de oliva y algunas hierbas. Se sirve con carne, pescado u, honestamente, con lo que tengas a mano, porque es deliciosa.

En internet circulan rumores de que los piñones tienen propiedades afrodisíacas, pero no hay evidencia científica para creer que eso sea cierto. Aunque, claro, una copa de *retsina* bien fría con dolmas rellenos de arroz y piñones podría ser lo suficientemente sabrosa como para despertarte el ánimo, tú ya me entiendes…

Tilo

Tilia spp.

El tilo tiene una historia complicada. Nació de una aventura extramarital entre inmortales, se convirtió en símbolo del amor conyugal eterno, y también está vinculado a Afrodita y al don de la profecía entre los adivinos escitas. Empecemos con el escándalo amoroso entre Cronos y Filira.

Como su hijo Zeus, Cronos también tenía debilidad por las damas. Se encaprichó con su sobrina Filira, hija del titán Océano. Lamentablemente para ellos, su esposa Rea los sorprendió *in fraganti*, y en medio del pánico, Cronos se transformó en un caballo y salió galopando como alma que lleva el viento. Filira quedó embarazada y dio a luz a Quirón, el centauro: mitad hombre, mitad caballo.

La mayoría de los centauros eran unos fiesteros pendencieros a los que nadie quería invitar a cenar, pero Quirón era la excepción. Admirado y respetado, fue maestro de Aquiles y compartió su sabiduría en medicina, música y caza con varios héroes griegos, incluyendo a Jasón, el de la historia del vellocino de oro, y a Heracles, cuyo currículum de fuerza y valentía sigue vigente hasta hoy. Pero a los ojos de su madre, Filira, aquello fue un desastre. No soportaba la vergüenza de haber parido a un «monstruo» y rogó ser transformada para escapar de esa humillación. Cronos, o Zeus (según a quién le preguntes), le concedió el deseo y la convirtió en un tilo.

Filira fue el primer tilo por metamorfosis... pero no fue la única. Ovidio nos cuenta en las *Metamorfosis* la historia de Baucis y Filemón, en la que Baucis también se convierte en un tilo —pero esta vez de una forma linda, feliz y con moraleja—. La historia sucede en Frigia, lo que hoy sería Turquía, y es un gran ejemplo de la filoxenia griega, esa mezcla sagrada de hospitalidad y respeto por los forasteros. Negarle hospitalidad a un desconocido no solo era grosero, era un insulto a los dioses y una falta gravísima de civilización.

Un día, Zeus y Hermes estaban compartiendo un poco de tiempo padre-hijo disfrazados de campesinos (en fin, ¿por qué no?), y al caer la noche comenzaron a buscar alojamiento. Nadie les abrió la puerta hasta que llegaron a la humilde cabaña de Baucis y Filemón, una pareja de ancianos pobres pero con gran corazón (véase «Cornejo»). Los recibieron con los brazos abiertos. Les ofrecieron comida y vino, compartiendo lo poco que tenían. Charlaron, les dieron cojines de juncos secos para mayor comodidad y les lavaron los pies cansados con agua tibia.

Con el tiempo, Baucis notó algo extraño: por más que servía vino, su jarra nunca se vaciaba. Y cuando ella y Filemón se dieron cuenta de que estaban en presencia de dos dioses, se disculparon por lo poco que habían podido ofrecer. Zeus les aseguró que no tenían nada de qué avergonzarse y les pidió que subieran la colina cercana. Al llegar a la cima y mirar hacia atrás, vieron que el pueblo entero había sido arrasado, destruido por Zeus como castigo por la falta de hospitalidad de sus habitantes. Lo único que quedaba en pie era un templo, justo donde antes se encontraba la casa de Baucis y Filemón.

Como recompensa por su filoxenia, Zeus les ofreció concederles cualquier deseo. Ellos pidieron convertirse en guardianes del templo y morir juntos cuando llegara su hora. Zeus aceptó y, cuando finalmente fallecieron, los transformó: Baucis en un tilo y Filemón en un roble. Los dos árboles quedaron lado a lado junto al templo, como monumento viviente al amor que no se agota y a la hospitalidad bien entendida.

En *Historias*, Heródoto nos cuenta que los enarei (una casta de sacerdotes escitas de alto rango) usaban corteza de tilo para hacer sus predicciones. Los adivinos escitas más comunes preferían el sauce, pero los enarei dividían la corteza flexible del tilo en tres tiras, las trenzaban y destrenzaban como forma de leer el futuro. Creían que esta técnica era un regalo de Afrodita. Y la verdad, para una diosa del amor, la visión de un árbol que nace de una pareja fiel tiene bastante sentido.

Hoy el tilo es muy apreciado como árbol de sombra y como fuente generosa de néctar para las abejas. La miel de tilo tiene un sabor y un aroma únicos, y no es raro encontrarla como producto gourmet. Hay especies bastante resistentes al frío y crecen mejor a pleno sol y en suelos ricos y bien drenados. Son árboles hermosos como ejemplares solitarios, pero si no se controla el crecimiento de los brotes, pueden formar arboledas enteras.

Además de ser bonitos, los tilos también son útiles: las hojas jóvenes no tienen mucho sabor, pero son ideales para sumar volumen a una ensalada o un salteado. Las flores, en cambio, son una joya. No solo son comestibles, sino que tienen un sutil sabor a vainilla y una dulzura natural encantadora. Con ellas se puede hacer un jarabe delicioso para cócteles o para usar como base de sorbetes. Los herbolarios las usan para preparar una infusión que ayuda con la digestión, los dolores musculares y de cabeza, aunque sobre todo es conocida como un tranquilizante natural que no genera adicción. Así que la próxima vez que estés dando vueltas en la cama, preparate una tacita de tila con una cucharada de miel de flor de tilo. Quizás hasta sueñes con los dioses.

Moly

Galanthus nivalis

El moly es, sin duda, la planta más mágica, misteriosa y mitológica de toda la literatura griega antigua. A día de hoy, ni los estudiosos ni los botánicos se ponen de acuerdo sobre qué demonios era el moly en realidad. La mayoría cree que era una invención poética, pero a lo largo del tiempo se han propuesto varias candidatas reales: el ciclamen, distintas variedades de aliáceas (como el ajo o la cebolla silvestre), la escila, la mandrágora, la campanilla de las nieves y la ruda silvestre. Por suerte, podemos descartar unas cuantas desde el principio si prestamos atención a algunas descripciones antiguas.

El moly aparece por primera vez en la *Odisea*, cuando la hechicera Circe convierte a los compañeros de Odiseo en cerdos. Odiseo, que no tiene ni idea de lo que ha pasado, va en su busca. En el camino se le aparece Hermes, que le cuenta la verdad sobre la transformación de sus hombres y le advierte del poder de Circe.

> ***Aquí, toma este antídoto que te mantendrá a salvo***
> ***cuando entres en la casa de Circe. Ahora***
> ***te contaré todos sus hechizos y trucos mortales.***
> ***Preparará una poción mezclada con veneno.***
> ***Su magia no surtirá efecto en ti porque***

tendrás la hierba que te he dado.
... El luminoso y veloz dios
arrancó del suelo una planta y me mostró
que su raíz era negra, su flor, blanca como la leche.
Los dioses llaman a esta planta moly.
Es difícil que los hombres mortales puedan desenterrarla,
pero los dioses son capaces de todo.

Homero nos dice que los dioses la llaman moly, lo que implica que los humanos no tienen un nombre para ella, o que, si conocen la planta, podrían llamarla de otro modo. Además, se nos cuenta que la planta es fácil de recolectar para los dioses, pero no para los mortales. En otras palabras, se trata de una planta poderosa, misteriosa y divina.

Varios cientos de años más tarde, en *Historia de las plantas,* Teofrasto menciona el moly y añade información descriptiva que obtuvo de los recolectores de raíces, aquellos hombres que se ganaban la vida cosechando raíces con fines medicinales o mágicos.

Dicen que esta planta se parece al moly mencionado por Homero, que tiene una raíz redonda como una cebolla y una hoja parecida a la de la escila, y que se utiliza contra los hechizos y las artes mágicas, aunque, a diferencia de lo que afirma Homero, no es difícil de desenterrar.

Ahora tenemos varias características físicas con las que trabajar: una raíz negra y redonda como una cebolla, una flor blanca y una hoja parecida a la de la escila. Solo con esto ya podemos descartar el mandrágora, la ruda silvestre y el ciclamen, aunque el ciclamen sí tiene un tubérculo bulboso, una flor blanca y se ha utilizado para eliminar venenos del organismo. Plinio el Viejo afirma que el ciclamen podía contrarrestar los hechizos, lo que le otorgaba propiedades mágicas, pero su follaje no coincide con la descripción de Teofrasto.

Históricamente, muchos estudiosos han supuesto que el moly pertenece a la familia de las cebollas, y el *Allium moly* (*Allium* es el género de las cebollas) fue bautizado en honor a la planta mitológica. El follaje y los bulbos de los *allium* encajan con la descripción del moly, y algunas especies tienen flores blancas. Sin embargo, los *allium* eran muy conocidos en la antigua Grecia, tanto como alimento como medicina. No hay motivo para dar a una planta tan común un nombre tan misterioso. Además, ni Homero ni Teofrasto mencionan el olor característico que todas las plantas de *allium* poseen. Es una característica clave de identificación hoy en día, y ciertamente también lo era hace miles de años. Cualquiera que haya olido ajo o cebolla sabe lo fuerte y evidente que es ese aroma.

La cebolla albarrana (*Drimia maritima*) es originaria de Grecia, tiene flores blancas, un bulbo grande y hojas similares a las de la escila (alargadas con nervaduras paralelas). Ha sido utilizada medicinalmente y como veneno para ratas durante milenios. Teofrasto menciona en dos ocasiones las propiedades mágicas de la cebolla albarrana, diciendo que plantada junto a la puerta de una casa «aleja las desgracias» y que un hombre supersticioso podría «convocar a sacerdotisas para que lo purificaran llevando una alrededor». Así que la cebolla albarrana es una candidata válida: flor blanca, raíz parecida a una cebolla, hojas de tipo escila y poderes mágicos/medicinales.

Pero aún más interesante es *Galanthus nivalis,* el común campanilla de invierno (o *snowdrop* en inglés). El propio nombre ya nos da una pista: *gala* = leche y *anthus* = flor, es decir, tiene una flor «blanca como la leche». Además, es una efímera de

primavera: florece y después desaparece bajo tierra poco tiempo después. Durante ocho o nueve meses al año, la campanilla de invierno no es visible sobre el suelo. Quizá por eso era difícil de desenterrar para los hombres, pero no para los dioses.

La planta es originaria de Grecia, tiene un bulbo redondo y sus hojas son similares a las de la *Drimia maritima*. Además, contiene galantamina, un compuesto que puede mejorar la capacidad cognitiva. Hoy en día se usa en pacientes con alzhéimer leve o moderado y, aunque no es una cura, puede ayudar a mejorar el pensamiento. La galantamina también puede contrarrestar ciertos intoxicantes que provocan alucinaciones.

En la *Odisea*, Hermes le dio el moly a Ulises para protegerlo de la magia de Circe y evitar que fuera transformado en cerdo, como le ocurrió a sus compañeros. Los médicos e investigadores modernos proponen que, en realidad, los hombres de Ulises no se convirtieron en cerdos, sino que fueron envenenados con algún tipo de intoxicante que causaba delirios, amnesia y alucinaciones. Es decir, podrían haber *imaginado* que eran cerdos. Este fenómeno se conoce hoy como intoxicación anticolinérgica.

Investigaciones recientes demuestran que la galantamina podría ser, efectivamente, un tratamiento para la intoxicación anticolinérgica. Varias plantas nativas del Mediterráneo pueden provocar este tipo de intoxicación, como la mandrágora (véase «Mandrágora») y el beleño (véase «Hierbas voladoras»). Así que Circe, experta herbolaria, podría haber utilizado una de esas plantas para intoxicar a los hombres de Ulises y luego devolverles la razón administrándoles un antídoto: el moly.

Algunos estudiosos sugieren que «moly» era un término general para referirse a una planta mágica y, si fuera totalmente mítica, podríamos dejarlo ahí. Pero a menudo los mitos se basan en conocimientos reales que luego se adornan para hacerlos más entretenidos y fáciles de recordar. ¿Podría una herbolaria de la antigua Grecia haber provocado alucinaciones colectivas? Sí. ¿Podría esa misma herbolaria haber administrado un antídoto? También sí. ¿Fue ese antídoto el moly? Quizá. ¿Los hombres de Ulises se convirtieron realmente en cerdos? No.

REGALOS DE LOS DIOSES

Hinojo

Olivo

Los tres árboles

Roble

Hiedra

Rosa

Hinojo

Foeniculum vulgare, Ferula communis

En la mitología griega aparecen dos plantas de hinojo diferentes: el hinojo común *(F. vulgare)* y el hinojo gigante *(F. communis).* Una era valorada como alimento, y la otra cambió el curso de la humanidad.

El hinojo gigante hace honor a su nombre y puede alcanzar hasta tres metros de altura. Su historia es tan impresionante como su tamaño. Empecemos con Prometeo, primo de Zeus. A pesar de ser inmortal, Prometeo sentía debilidad por los humanos. Le parecía injusto que Zeus les negara el fuego, obligándoles a tiritar mientras comían carne cruda. Así que tomó un tallo de hinojo gigante, subió al monte Olimpo, se coló en el taller de Hefesto (dios del fuego y la metalurgia), robó una brasa encendida, la escondió dentro del tallo de hinojo y la llevó de vuelta a la tierra como regalo para la humanidad. Teofrasto describe en *Investigación sobre las plantas* el grueso tuétano del hinojo gigante. Ese tuétano, efectivamente, permite que una brasa colocada en su interior arda lentamente sin que la planta prenda fuego.

Zeus se enfureció. No podía matar a Prometeo, porque era inmortal, pero sí podía hacer que deseara estar muerto. Zeus hizo que encadenaran (o clavaran, según quién cuente la historia) a Prometeo a una roca en las montañas del Cáucaso, donde cada día un águila le desgarraba el hígado y se lo comía. Cada noche, el hígado de Prometeo volvía a crecer, preparándolo para otro día de tortura. Divertidísimo.

A pesar de sus siglos de tormento, Prometeo sabía que algún día sería liberado. Su nombre significa «previsión». Prometeo podía ver el futuro y sabía exactamente qué destino le aguardaba antes incluso de bajar el fuego a la tierra. Aun así, lo hizo. Quizá porque también sabía que acabaría llegando a un acuerdo con Zeus, quien a regañadientes permitió que su hijo Heracles matara al águila y liberara a Prometeo.

Los estudiosos han propuesto diversas interpretaciones de este mito. ¿El fuego era literal o simbolizaba la iluminación, lo que significaría que el verdadero regalo de Prometeo a los humanos fue la inteligencia y la creatividad? En *Prometeo encadenado*, Esquilo cuenta la historia de la tortura de Prometeo, que algunos de sus contemporáneos interpretaron como una declaración política: Prometeo como el rebelde y Zeus como el tirano. A veces es más seguro contar una historia con mensaje oculto que criticar directamente a un gobierno.

El hinojo gigante también aparece asociado a Dioniso, dios del vino. Dioniso llevaba un bastón llamado *thyrsos*, hecho de un tallo de hinojo gigante, entrelazado con hiedra y coronado por una piña. ¿Por qué se eligió el hinojo para el bastón? ¿Por qué no algo más robusto, como la rama de un árbol?

En su *Bibliotheka Historica*, Diodoro Sículo explica:

> ***Cuando se descubrió el vino por primera vez, todavía no se había ideado la costumbre de mezclarlo con agua y se bebía puro; pero cuando los amigos se reunían y disfrutaban de la buena compañía, los juerguistas, llenándose hasta la saciedad con el vino sin diluir, acababan comportándose como locos y usaban sus bastones de madera para golpearse unos a otros.***

Dioniso se molestó mucho al presenciar semejantes escenas, aunque no decidió que los humanos dejaran de beber vino sin mezclar, ya que la bebida les proporcionaba un gran placer. En su lugar, ordenó a los bebedores que llevaran un tallo de hinojo

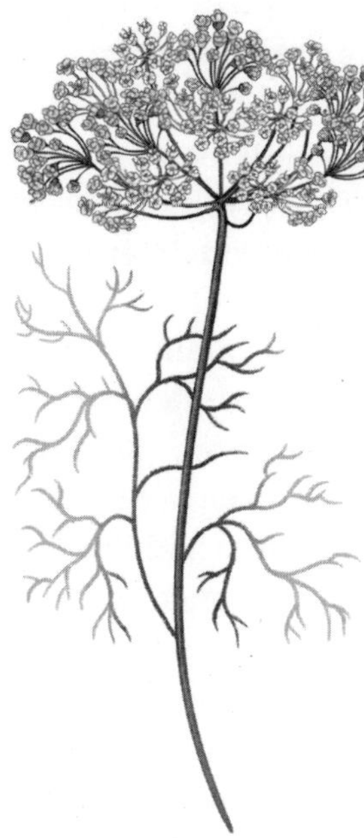

gigante en lugar de un bastón de madera. Un *thyrsos* hecho de un tallo de hinojo no podía causar tantos daños como un buen palo de madera.

A veces el *thyrsos* también servía como herramienta. Las ménades, seguidoras de Dioniso (véase «Vid»), usaban el *thyrsos* como una varita mágica para hacer brotar agua, vino o miel... cuando no estaban ocupadas despedazando a los hombres mortales, claro está.

El hinojo común crecía en abundancia en el campo de batalla de Maratón, donde los griegos derrotaron a los persas en el 490 a. C. a pesar de estar en clara inferioridad numérica. La aldea cercana recibió el nombre de la planta, conocida como *marathos*. Los antiguos griegos servían hinojo junto con sus aceitunas, para saborear así el recuerdo de una de sus mayores victorias militares mientras disfrutaban del fruto de su árbol emblemático.

Dioscórides recomendaba el hinojo común para un sinfín de dolencias, desde inflamaciones renales hasta mordeduras de serpiente. Y puede que esto realmente funcionara. Una investigación publicada en 2014 por la Biblioteca Nacional de Medicina de Estados Unidos (parte de los Institutos Nacionales de Salud) demostró que el hinojo común posee potentes propiedades antivirales, antimicrobianas y antiinflamatorias. Hoy en día sigue estudiándose su potencial para el desarrollo de nuevos fármacos y aplicaciones clínicas.

El hinojo común tiene ese mismo sabor anisado que encontramos en el hinojo de bulbo *(Foeniculum vulgare* var. *azoricum),* aunque no forma bulbos. Aun así, las flores, semillas, hojas y polen son todos aprovechables en la cocina. Las flores y las semillas pueden usarse frescas o secas. El polen debe secarse y puede guardarse en un recipiente hermético hasta un año. El follaje, eso sí, conviene usarlo fresco.

El hinojo gigante es una mala hierba común en la Grecia actual, tan alta que sobrepasa la cabeza de los transeúntes. No se considera generalmente comestible, principalmente porque existen dos variedades visualmente indistinguibles: una se considera medicinal y la otra, tóxica, capaz de provocar hemorragias considerables. ¿Te la jugarías?

Olivo

Olea europaea

El olivo es, sin duda alguna, el árbol griego por excelencia. Su vínculo con Atenas se remonta al mismo nacimiento de la ciudad. Antes de que Atenas fuera Atenas, estaba gobernada por el mítico rey Cécrope, que era hombre de cintura para arriba y serpiente de cintura para abajo. Se decía que Cécrope había nacido de la propia tierra del Ática, lo que lo convertía en un griego de pura cepa, autóctono de toda la vida. A Cécrope se le atribuyen muchos de los pilares de la civilización (las leyes matrimoniales, el primer censo, la abolición del sacrificio humano), pero lo que más nos interesa a los amantes de las plantas es, sin duda, la historia de Cécrope y el olivo.

En algunas versiones de esta historia, el rey Cécrope quería nombrar un dios patrón para su nueva ciudad. En otras, fueron los propios dioses quienes decidieron reclamar diversas ciudades y pueblos como suyos. Pero en todas las versiones los dos aspirantes a quedarse con Atenas fueron Poseidón y Atenea. (No esperes un giro de guion: la ciudad no se llama Poseidópolis).

Ambos dioses tenían que ofrecer un regalo a la ciudad; quien ofreciera el mejor, se convertiría en su patrón. Poseidón golpeó el suelo con su tridente y de allí brotó un manantial de agua salada. Atenea, por su parte, o bien cavó un hoyo y plantó un plantón de olivo, o bien golpeó la tierra con su lanza y convirtió el arma en un olivo. Según algunas versiones, fueron los propios dioses olímpicos quienes eligieron al ganador. Otras dicen que la decisión quedó en manos de los ciudadanos y que los hombres votaron por Poseidón, mientras que las mujeres votaron por Atenea. Como había una mujer más que hombres, ganó Atenea. (Esa misma versión cuenta que, tras la derrota, los hombres de Atenas decidieron que las mujeres no volverían a votar jamás. Muy maduros, ellos).

Atenea merecía claramente la victoria. Vale, el agua es esencial para la vida, pero Poseidón era el dios del océano, es decir, de agua salada. ¿Y de qué servía el agua salada? No podías beberla, ni lavarte con ella, ni regar campos ni jardines. El olivo, en cambio, era increíblemente útil. Su madera era valiosa, su fruto era un alimento popular y su aceite servía para cocinar, iluminar y hasta para acicalarse. Poseidón nunca tuvo una oportunidad real.

El olivo de Atenea creció en el lugar que con el tiempo se convertiría en la Acrópolis, y allí siguieron plantándose olivos durante siglos. Los árboles de la Acrópolis eran propiedad del Estado y arrancar uno estaba penado con el destierro o la confiscación de bienes. En el siglo VI a. C. se establecieron los Juegos Panatenaicos y, a diferencia de otros certámenes atléticos donde los ganadores recibían coronas de hojas, en estos juegos los vencedores se llevaban un premio mucho más valioso: aceite de oliva producido a partir de los árboles sagrados de la Acrópolis, todos ellos considerados descendientes del olivo original que había regalado Atenea.

Puede que Atenea compartiera un poco de su inmortalidad con su árbol sagrado. Después de que los persas capturaran Atenas en 480 a. C., incendiaron el templo de la Acrópolis, incluido el olivo de Atenea. Heródoto nos cuenta que, al día siguiente, el árbol ya había sacado nuevos brotes, convirtiéndose en un símbolo de esperanza para toda Grecia.

En la antigua Grecia, el aceite de oliva no solo se usaba para cocinar. También se empleaba como combustible para lámparas y como ungüento para que los atletas se lubricaran antes de competir. Se utilizaba para ungir los cuerpos de los héroes

caídos y, en la *Ilíada*, cuando Hera quiso seducir a Zeus (para distraerle y que no viera lo que ocurría en el campo de batalla de Troya), se masajeó con aceite de oliva, volviéndose sencillamente irresistible para su esposo.

> ***Hera limpió su cuerpo tentador***
> ***de toda mácula, luego se aplicó un denso ungüento de oliva,***
> ***el aceite embriagador y fragante que guardaba a su lado...***
> ***bastaba un solo movimiento para que su aroma se extendiera***
> ***por los salones de suelo de bronce de Zeus,***
> ***y una nube perfumada descendiera del cielo a la tierra.***

La madera de los olivos también desempeña un papel destacado en la mitología griega. Heracles usó un olivo como su maza, y

Odiseo fabricó una lanza de madera de olivo para cegar al cíclope Polifemo, que lo tenía prisionero junto a sus hombres. El olivo en su totalidad tiene un papel importante en la *Odisea*. Cuando Odiseo se revela ante Penélope tras una ausencia de veinte años, ella duda de su identidad. Él demuestra quién es describiendo el dormitorio y la cama que construyó para ella hace ya muchos años.

¿Quién podría mover mi lecho? Tarea imposible,
ni siquiera para un artesano diestro; salvo que un dios
descendiera en persona, presto a echar una mano.
...
Había un olivo de ramas frondosas dentro de nuestro
patio,
crecido hasta su plenitud, el tronco como una columna,
recio.
Alrededor de él construí nuestro dormitorio.
...
Luego corté la copa de hojas del olivo,
desnudé el tronco desde las raíces hacia arriba,
lo alisé con una azuela de bronce —tenía el arte—
lo modelé recto y firme según la línea
para hacer con él el poste de nuestro lecho.

La evidencia arqueológica del sur del Peloponeso y de la isla de Santorini demuestra que el carbón de leña de olivo ha sido utilizado por los habitantes de Grecia durante más de diez mil años. Para la época de Homero, ya se comprendía bien el arte de cuidar los olivos. En la *Ilíada*, Homero emplea un joven olivo en una analogía para describir a un soldado abatido por Menelao:

Allí yacía,
como un esqueje de olivo que un campesino cría con
esmero en lo alto de una colina solitaria,
empapándolo con agua, un joven retoño vigoroso,
y el viento lo mece suavemente,
y estalla en brotes plateados.

En *Edipo en Colono,* Sófocles describe el olivo con admiración y reverencia. Claramente, es mucho más que un simple árbol en el paisaje mediterráneo.

> ***Este árbol realmente prospera en nuestra tierra,***
> ***el olivo de hojas grises, que nutre***
> ***a la juventud de nuestro país. Ningún joven aquí***
> ***alzará la mano para dañarlo o destruirlo,***
> ***ni ningún ciudadano que viva ya en la vejez,***
> ***pues está protegido por la mirada siempre vigilante***
> ***de Atenea, la de ojos grises, y del protector Zeus.***

Hoy en día, vastos olivares de árboles de hojas grises se extienden a lo largo de kilómetros por toda Grecia. Y aunque ya nadie construya su cama alrededor de un olivo ni seduzca a un dios con la piel masajeada en aceite de oliva, la aceituna y su aceite siguen siendo esencialmente griegos. Y, por supuesto, esencialmente deliciosos.

Tres árboles

En la antigua Grecia, los árboles podían ser muchas cosas. Algunos eran oráculos que hablaban (véase «Roble»). Otros eran sagrados para un dios (véase «Laurel»). Algunos se usaban para ganar una guerra (véase «Cornejo»). Y otros servían de alimento o medicina. Algunos incluso eran el hogar de ninfas, cuyas vidas estaban ligadas a las de sus árboles. Los antiguos griegos veneraban sus árboles por muchas razones.

Fresno

***Fraxinus* spp.**

Las melíades eran ninfas de los fresnos que brotaron de la sangre de Urano (el dios original de los cielos) cuando fue castrado por su hijo Cronos. Cuando la sangre alcanzó a Gea (Madre Tierra), esta dio a luz a las melíades, que a su vez engendraron a los hombres de la Edad de Bronce, una raza belicosa que acabó siendo destruida en un gran diluvio. Pero antes de eso, las melíades armaron a sus hijos con lanzas hechas de madera de fresno. La madera de fresno es ligera comparada con la del roble, pero casi igual de fuerte y densa, lo que la convertía en una elección excelente para la fabricación de armas.

Quirón, el centauro, regaló a Peleo una lanza de fresno en su boda con Tetis, y el hijo de Peleo, Aquiles, llevó esta lanza con él a la guerra de Troya. Homero describe el peso de la lanza en la *Ilíada*:

> ***Ningún otro luchador aqueo podía empuñar aquel asta, solo Aquiles tenía la fuerza para blandirla bien. Era de ceniza peliana, un regalo de Quirón a su padre Peleo, tallada en la cresta de Pelión para ser la muerte de los héroes.***

Otros guerreros en la *Ilíada* también luchan con lanzas de fresno, incluidos Eneas y Menelao. Némesis, la diosa de la retribución, a veces es representada sosteniendo una rama de fresno, aunque no hay relatos de que la usara como arma. Quizá sus juicios eran tan afilados como una lanza de madera de fresno.

Pero el fresno no se usaba exclusivamente para la guerra. La palabra griega para el fresno del maná *(Fraxinus ornus)* es *melia*, que no solo se parece al nombre de las ninfas del fresno —*melíades*—, sino que también es muy cercana a la palabra griega para miel, *meli*. El fresno del maná era muy apreciado por el dulce líquido que rezumaba de los cortes hechos en su corteza. Plinio describe una sustancia deliciosa y dulce que se encontraba en los árboles y que la mayoría de los estudiosos interpretan como maná. La llama «el sudor del cielo o una especie de saliva de las estrellas», y cuenta que las abejas lo consumen y lo transforman en miel.

Hoy en día, el manitol es un alcohol de azúcar derivado de fresnos del maná cultivados comercialmente, sobre todo en Calabria y Sicilia. El manitol es naturalmente dulce, pero se absorbe mal en el intestino humano, lo que lo convierte en un edulcorante bajo en calorías útil para diabéticos. También se usa medicinalmente como diurético para tratar el glaucoma y la presión intracraneal elevada. El fresno puede curar… y también puede matar.

—Álamo—

Populus spp.

Esta historia es bastante truculenta... quedas advertido. En su «Himno a Deméter», Calímaco narra la historia de Eresictón, un rey de Tesalia que faltó al respeto al bosque sagrado de Deméter, con consecuencias mortales.

Un día, Eresictón llevó a veinte hombres gigantes al bosque sagrado de Deméter para talar madera con la que construir un salón de banquetes. Empezaron atacando un álamo que era especialmente querido por todas las ninfas que vivían en el bosque. Con el primer golpe del hacha, la ninfa residente en el árbol gritó de dolor, y Deméter acudió a la Tierra en forma de su sacerdotisa. Habló con suavidad a Eresictón, advirtiéndole que corría el riesgo de enfurecer a Deméter, pero Eresictón le respondió amenazándola con su hacha. Entonces, Deméter se mostró con su verdadera forma y los gigantes huyeron despavoridos. Ella los dejó marchar (solo cumplían órdenes), pero maldijo al rey condenándolo a sentir siempre hambre, sin importar cuánto comiera o bebiera en su magnífico salón.

En las *Metamorfosis*, Ovidio lleva la historia aún más lejos. Nos cuenta que, cuando el rey Eresictón agotó toda su riqueza intentando saciar su hambre insaciable, vendió a su hija, Mestra, para poder comprar más comida. Como era de esperar, a Mestra no le entusiasmó mucho la idea de convertirse en esclava. Huyó del hombre que la había comprado y rogó a Poseidón que la ayudara. Él le concedió el don de cambiar de forma, y Mestra adoptó la apariencia de un pescador, lo que confundió tanto a su nuevo amo que se marchó sin ella. Cuando Eresictón se dio cuenta de que su hija podía transformarse, empezó a venderla una y otra vez para alimentar su glotonería, y Mestra continuó escapando bajo distintas formas, humanas y animales, hasta que un día se marchó a la isla de Kos con Poseidón y tuvo un hijo con él.

Finalmente, ni siquiera esto fue suficiente, y Eresictón comenzó a devorarse a sí mismo, consumiendo primero una extremidad, luego otra, hasta morir. La venganza de Deméter fue, sin duda, implacable.

— Tejo —

Taxus spp.

Las erinias (también conocidas como las furias) daban auténtico miedo. Como diosas de la venganza, se ocupaban especialmente de los crímenes cometidos contra los padres y contra los dioses, y su castigo favorito consistía en volver loco al culpable. Al igual que las melíades (ninfas de los fresnos), nacieron de la sangre del castrado Urano.

A menudo se representa a las erinias portando antorchas hechas con «ramas ardientes de tejo», y hay numerosos vínculos mitológicos entre el tejo y la muerte. El tejo era sagrado para Hécate (diosa de la brujería y asociada con el inframundo) y también estaba relacionado con Artemisa, de quien se dice que impregnaba sus flechas con veneno hecho de tejo. En *Moralia*, de Plutarco, los personajes debaten los efectos de llevar guirnaldas en las fiestas de bebida. Trifón advierte a sus compañeros de banquete sobre los peligros de las guirnaldas y les recuerda «que incluso la sombra de un tejo mata a los hombres que duermen bajo ella». Tranquilo, hoy en día es completamente seguro echarse una siesta a la sombra de un tejo si te apetece. Teofrasto ya sabía que el follaje del tejo era venenoso tanto para humanos como para animales, pero también conocía que el fruto era dulce y seguro para el consumo. Eso sí, no mencionó que no se debía tragar la semilla que hay dentro del fruto, porque es tan tóxica como el resto del follaje.

Hoy, el fármaco anticancerígeno Taxol se obtiene de la corteza de varias especies de tejo (*Taxus* spp.). El Taxol bloquea la división celular y es especialmente eficaz contra el cáncer de mama y de ovario. Otro ejemplo más de una planta que puede tanto matar como curar.

Roble

Quercus spp.

Cuando escuchas la palabra «oráculo», probablemente pienses en Delfos, donde una mujer en trance murmuraba enigmas poéticos que luego eran interpretados por sacerdotes... que quizá tuvieran o no segundas intenciones al traducirlos. Pero el oráculo de Dodona era mucho más sencillo. Era el oráculo más antiguo de Grecia. No era una mujer ni un sacerdote. Era un roble majestuoso y antiquísimo, considerado por algunos como la personificación del mismísimo Zeus. En los primeros días del culto, se creía que Zeus vivía dentro del árbol.

Dodona está en el noroeste de Grecia, en la región de Epiro. Al estar tan alejado de los caminos principales, el oráculo de Dodona nunca alcanzó la notoriedad de Delfos, ni tampoco recibió preguntas tan trascendentales. Los estadistas y políticos iban a Delfos a consultar sobre guerras, pestes y destinos imperiales. Dodona, en cambio, era un oráculo más modesto, y la mayoría de sus visitantes eran lugareños con inquietudes del día a día. «¿Soy realmente el padre de mi hija?», «¿tendré éxito criando ovejas?». Los arqueólogos han encontrado miles de tablillas de plomo con preguntas de este estilo, a las que el oráculo respondía con un simple sí o no.

La forma en que el roble emitía sus profecías fue cambiando con el tiempo. Al principio, se decía que el árbol hablaba directamente a quienes le formulaban preguntas. La tradición del roble parlante se estableció muy pronto en la mitología griega. La historia de Jasón y los Argonautas —ambientada hacia el 1300 a. C., un siglo antes de la guerra de Troya— cuenta que Jasón construyó un barco llamado Argo para navegar hasta Cólquide y recuperar el vellocino de oro. La propia Atenea arrancó una rama del roble sagrado de Dodona y la utilizó para fabricar un madero del Argo. Ese trozo de madera hablaba a los Argonautas, les advertía de peligros y les daba instrucciones sobre cómo continuar su viaje.

Homero menciona a Dodona tanto en la *Ilíada* como en la *Odisea*, pero ya en su época la manera en que hablaba el oráculo había cambiado. En la *Odisea*, Ulises dice que el oráculo de Dodona transmite «la voluntad de Zeus que murmura desde su alto y frondoso roble». Pero no todo el mundo sabía interpretar el murmullo de las hojas, así que se necesitaban intérpretes. Los primeros fueron los selos, unos sacerdotes con costumbres... digamos, peculiares.

> ***Zeus, señor del sagrado santuario de Dodona,***
> ***que moras lejos, contemplando los amargos inviernos de Dodona.***
> ***Tus profetas, los selos, habitan a tu alrededor,***
> ***durmiendo en el suelo con los pies sin lavar...***

Dodona está lejos de todo, en el norte de Grecia, donde el invierno es crudo. Y además de remota, tiene ese aire enigmático. Los selos dormían directamente en el suelo y no se lavaban los pies, lo que ya de entrada los marcaba como personajes un tanto primitivos y peculiares. Pero antes de juzgarles por su falta de higiene, conviene recordar que el ascetismo ha sido siempre moneda corriente entre órdenes religiosas, y dormir sobre la tierra tampoco es tan diferente de hacerlo en una tabla de madera. Los selos creían que su conexión con la tierra les otorgaba el poder necesario para interpretar la voluntad de Zeus.

Pasaron los siglos y, cuando Heródoto se puso a escribir, el oráculo de Dodona ya había cambiado casi por completo. Ahora eran sacerdotisas —llamadas «palomas»— quienes transmitían las respuestas divinas, y puede que incluso interpretaran los arrullos de las verdaderas palomas que habitaban en el roble sagrado. El árbol, aunque aún venerado, ya no hablaba, ni sus hojas susurraban mensajes divinos. Más adelante, las respuestas se daban echando suertes: las sacerdotisas extraían señales al azar.

Las excavaciones en Dodona revelan un gran agujero junto al templo de Zeus. Allí, dicen los arqueólogos, debió de estar el roble sagrado. No fue talado sin más: se arrancaron también sus raíces, se erradicó por completo. Lo más probable es que esto ocurriera hacia el año 380 de nuestra era, cuando el emperador Teodosio declaró el cristianismo religión oficial del Imperio bizantino y prohibió el culto en los santuarios paganos.

Los robles solían estar habitados por dríades, ninfas cuyo destino estaba atado al de su árbol anfitrión. Las dríades eran criaturas alegres que amaban sus árboles y se regocijaban en su compañía. Pero en las *Metamorfosis*, Ovidio nos cuenta otra

historia, esta vez protagonizada por mujeres que tenían una relación muy distinta con los robles.

Las ménades, seguidoras de Dioniso (consulta «Vid» si necesitas contexto), estaban furiosas con Orfeo, el poeta y músico tracio. ¿El motivo? Orfeo prefería rendir culto a Apolo en lugar de a Dioniso. Además, tras la muerte de su esposa, el dolor lo llevó a rechazar el amor de las mujeres y a volcarse en la compañía masculina. Las ménades se lo tomaron como algo personal. Y cuando las ménades se ofenden, no suelen tomarse las cosas con calma: descuartizaron a Orfeo en plena orgía de furia. Pero resulta que Orfeo había sido en su día sacerdote de Dioniso, y el dios no vio con buenos ojos que sus fieles aniquilaran a un exdevoto. Como castigo, transformó a cada ménade en un árbol: «su mano dolorida golpea sus muslos… golpea un roble; de roble es ya su pecho, y de roble son también los hombros de la ménade».

El roble de Dodona pertenecía a la especie *Quercus ithaburensis* subsp. *macrolepis*, también conocido como roble de Valonia (consulta «Bellota» para más información jugosa). Es una especie longeva que puede alcanzar dimensiones impresionantes. El ejemplar más grande que se conserva hoy se estima que tiene más de setecientos años: su copa cubre más de seiscientos metros cuadrados, y su tronco mide más de un metro veinte de diámetro a la altura del pecho. El roble de Valonia es originario de los Balcanes y ciertas zonas del Mediterráneo, y los botánicos creen que fue uno de los primeros robles en ser domesticados. En la isla griega de Kea, esta especie sigue siendo un cultivo agrícola importante que proporciona varias cosechas de interés económico.

Los robles son auténticos titanes del paisaje. Almacenan enormes cantidades de carbono, sus raíces ayudan a filtrar el agua del subsuelo, y sus hojas muertas no solo alimentan el suelo, sino que dan cobijo a insectos beneficiosos. Hoy valoramos los robles por su madera resistente y hermosa, por su sombra generosa, y por el hogar que brindan a pájaros, animales e insectos. Aunque, de momento, no se ha documentado que ninguna paloma profética se haya vuelto a posar en sus ramas.

Hiedra

Hedera helix

La vid era la planta más sagrada para Dioniso, dios del vino, pero desde el día en que nació, Dioniso también mantuvo un fuerte vínculo con la hiedra. Justo después de salir del muslo de Zeus, fue coronado con una guirnalda de hiedra y entregado a las ninfas del monte Nisa para que lo protegieran. Hera, como era de esperar, quería destruir al hijo ilegítimo de Zeus, pero las ninfas lo ocultaron de la diosa furiosa cubriendo su cuna con hojas de hiedra a modo de camuflaje.

La hiedra estaba asociada a Dioniso de muchas otras maneras. Las vasijas que lo representan casi siempre incluyen hojas de hiedra en su decoración. Dioniso y sus seguidores portaban bastones llamados *thyrsoi* (en singular, *thyrsos*), hechos con tallos de hinojo gigante (véase «Hinojo») entrelazados con hiedra. También se menciona a menudo la hiedra como aditivo del vino en la antigua Grecia, reforzando aún más la conexión entre la planta y el dios del vino.

Cuando Dioniso era joven, viajó por todo el mundo. En una de sus muchas aventuras, quiso ir de la isla de Icaria a la isla de Naxos. Una versión del mito dice que contrató un barco que resultó estar tripulado por piratas; otra afirma que directamente lo secuestraron. Pero ninguna versión se molesta en explicar por qué un dios necesitaba un barco para ir del punto A al punto B. En fin, cosas de dioses.

Los piratas, al ver a un Dioniso joven y de belleza extraordinaria, lo tomaron por un príncipe adinerado y decidieron secuestrarlo para pedir un buen rescate. Dos autores antiguos (Higinio y Servio, en su comentario sobre la *Eneida*) apuntan que no solo querían el rescate: estaban tan encantados con su hermosura que también pensaban aprovecharse de él. Pero claro, no sabían con quién se estaban metiendo.

Cuando Dioniso se dio cuenta de que lo de llevarlo a Naxos era puro cuento, empezó a divertirse a costa de sus captores. Sin alterarse lo más mínimo, se soltó de las ataduras (hechas con ramas de sauzgatillo, por cierto), y entonces el timonel —el único que parecía tener dos dedos de frente— cayó en la cuenta: «Debe de ser un dios, estamos perdidos». Rogó al capitán que lo soltaran, pero el tipo estaba cegado por la codicia y no quiso escuchar.

Entonces, cosas raras empezaron a pasar. Una vid brotó desde lo alto del mástil, tal como se describe en el himno homérico a Dioniso: «Entonces la hiedra oscura enredó el mástil, / exuberante en flores y hermosas bayas en crecimiento». Ovidio añade que la hiedra ató los remos y las velas, y que Dioniso empuñaba una lanza cubierta de hojas de vid.

Acto seguido, el dios se transformó en un león (¿por qué no?), lo que provocó que el capitán y toda la tripulación —salvo el sensato timonel— se lanzaran al mar del susto. Dioniso, en su infinita creatividad, los convirtió en delfines. Al timonel le perdonó la vida y lo incorporó a su séquito de fieles.

La hiedra no era solo decoración en las bacanales, ojo. En las *Dionisíacas* de Nono se describe como planta mágica, capaz de servir tanto de arma como de medicina milagrosa. En el poema, Dioniso conquista la India (porque allí no lo adoraban ni bebían vino, ¡el colmo!), y en las cruentas y muy detalladas batallas, se dice que la hiedra cortaba la carne como una cuchilla. Solo con tocarla, reventaba una armadura. Ni espada, ni lanza: con hiedra y vino ya iba bien servido.

> ***Otro golpe al enemigo con hiedra que corta la carne; no llevaba espada, ni escudo redondo, ni lanza mortal de combate, pero blandiendo racimos de hojas, mató al hombre acorazado con una ramita diminuta.***

Y, sin embargo, unas pocas páginas después, cuando el joven soldado favorito de Dioniso resulta herido, el dios «le devolvió la vida con su hiedra curativa». Entonces, ¿en qué quedamos? ¿Es un arma temible o una cura milagrosa? Probablemente ninguna de las dos cosas.

Teofrasto describe varios tipos de hiedra, pero se equivoca al asumir que las diferencias físicas indican especies distintas. La hiedra inmadura tiene tallos delgados y flexibles, hojas lobuladas y un hábito de crecimiento trepador o rastrero. No florece ni da fruto. La hiedra madura desarrolla tallos leñosos y gruesos, hojas en forma de pala, y produce flores seguidas de frutos de color azul oscuro o negro. Una planta puede tardar hasta diez años en alcanzar la madurez y florecer, y una poda frecuente puede mantenerla en estado juvenil de forma indefinida. Es decir: la hiedra inmadura se ve y crece de forma muy diferente a la madura, así que vamos a perdonarle la confusión a Teofrasto.

Varios autores clásicos más también describen la hiedra. En las *Moralia*, los personajes de Plutarco debaten si la hiedra es fría por naturaleza, lo que atenuaría los efectos del vino, o si es caliente, lo que los potenciaría. Plinio el Viejo enumera treinta y nueve dolencias que supuestamente se podían tratar con hiedra, desde enfermedades de las fosas nasales hasta tenias y disentería.

Hipócrates recomienda hervir raíz de hiedra, molerla hasta hacerla polvo y mezclarla con harina y vino blanco para hacer una cataplasma contra el prolapso rectal inflamado. Y aunque hoy suene como un remedio de lo más raro, los herbolarios actuales siguen usando la hiedra por sus propiedades antiinflamatorias. Un extracto de hoja de hiedra que se vende sin receta ha demostrado aliviar los síntomas de inflamación bronquial; funciona disolviendo el moco y actuando como expectorante. Actualmente se están llevando a cabo más estudios para investigar otros posibles usos del extracto de hiedra como antiinflamatorio. Hasta ahora, se ha demostrado que inhibe la artritis crónica en ratas y el asma crónica en ratones.

Hoy en día, muchos jardineros prefieren no plantar hiedra al aire libre, y no es para menos:

» Se considera invasora en varios estados y está clasificada como mala hierba nociva en el noroeste del Pacífico.
» Donde la hiedra es perenne, pájaros y ratones hacen sus nidos detrás de las hojas.
» Las flores de las plantas maduras atraen una cantidad impresionante de abejas. (¿A favor? ¿En contra? Juzga tú).

No obstante, culpar a la hiedra de destruir el exterior de un edificio, quizá sea ir demasiado lejos. Piensa en todas esas gigantescas casas solariegas de Gran Bretaña, cubiertas de hiedra, pero que han permanecido sólidas durante siglos. La hiedra se ancla a árboles y estructuras con raíces que actúan como ventosas. Si la superficie de una estructura es sólida, las ventosas de la hiedra no causarán daños. Sin embargo, si ya hay grietas en el estuco, la madera o la mampostería, las ventosas pueden agravar el daño. En el interior, la hiedra sigue siendo una planta popular, con numerosos cultivares que aportan variegación y diversas formas de hoja al alféizar de la ventana. Es una planta fácil de cultivar con luz brillante e indirecta, y tolera las corrientes de aire. Hay que dejar que se seque el medio centímetro superior de tierra entre riego y riego.

Y la próxima vez que organices un cóctel, hazte una corona de hiedra y sirve una libación a Dioniso. Los dioses aprecian un gesto respetuoso, así que ¿por qué no poner a uno de ellos de tu parte?

Rosa

Rosa spp.

Durante más de tres mil años, la rosa (*Rosa* spp.) ha sido un símbolo del amor romántico. La flor es suave, fragante, voluptuosa y sensual. En contraste, su tallo está dolorosamente cubierto de espinas y puede hacer sangrar. Por eso tiene sentido que la rosa fuera sagrada para Afrodita, diosa del amor, bien versada tanto en el placer como en el dolor.

Igualmente familiarizado con la belleza y el dolor asociados con la rosa está Eros, considerado a menudo como el hijo de Afrodita. Algunos dicen que Afrodita nació embarazada de Eros; otros afirman que Eros fue uno de los dioses más antiguos y que precedió a Afrodita. De cualquier manera, la rosa también se asociaba frecuentemente con él. Una historia cuenta cómo Eros fue picado por una abeja escondida dentro de una rosa, y corrió hacia su madre quejándose de que lo habían matado, «herido por la pequeña serpiente alada que los agricultores llaman abeja». Afrodita le recordó que una picadura de abeja era mucho menos dolorosa que el dolor que él mismo causaba con sus flechas.

La historia más conocida sobre Afrodita y la rosa implica la muerte de Adonis (ver «Lechuga»). Y, por supuesto, existen varias versiones. En el «Lamento por Adonis» de Bión, se dice que la rosa brotó de la sangre de Adonis y la anémona de las lágrimas de Afrodita. En las *Metamorfosis*, Ovidio relata que Afrodita roció la sangre de Adonis con dulce néctar, y que la combinación formó la flor anémona de color rojo sangre; una flor de vida muy breve, al igual que Adonis.

Aunque Afrodita ciertamente apreciaba la rosa por su encanto físico, también conocía sus propiedades medicinales. Hacia el final de la guerra de Troya, Aquiles, campeón de los griegos, mató a Héctor, príncipe de Troya. Era una rivalidad de años, y Héctor acababa de matar a Patroclo, el amigo más querido de Aquiles. Aquiles, enloquecido de rabia, desquitó su furia con el cadáver de Héctor. Le quitó la armadura, le perforó los talones con correas de cuero crudo, lo ató a su carro y lo arrastró alrededor de los muros de Troya, una y otra vez, mientras la familia de Héctor lo observaba desde las murallas de la ciudad. Aquiles se negó a enterrarlo; quería que los perros se alimentaran del cadáver. Pero Afrodita tenía otros planes. Héctor siempre había sido uno de sus favoritos, así que ungió su cuerpo con «aceite ambrosíaco de rosas» para proteger su piel y evitar que se desgarrara mientras era arrastrado por la tierra. Investigaciones recientes muestran que el aceite de escaramujo (rosa mosqueta) es significativamente eficaz tanto como antiinflamatorio como para la cicatrización de heridas.

La rosa no solo era útil en el campo de batalla. Algunos antiguos griegos creían que llevar una guirnalda de rosas en una fiesta con vino evitaba la embriaguez. La *Anacreóntica (Anacreontea)* es un conjunto de poemas líricos escritos entre el siglo I a. C. y los siglos V o VI d. C. La mayoría de los versos se centran en el amor y el romance, y la rosa aparece con frecuencia

Mezclemos la rosa de los amores con Dioniso: ciñamos nuestras frentes con la rosa de hermosos pétalos y bebamos, riendo suavemente.

Y:

En los festines, banquetes y festivales de Dioniso, ¿qué haríamos sin la rosa?

Los jardines de Midas eran famosos por sus hermosas rosas, antes de que él las convirtiera en oro. Heródoto cuenta que en esa región crecían rosas silvestres, «cada una con sesenta pétalos y una fragancia superior a todas las demás rosas». Convertir sus fragantes rosas en estériles flores doradas fue solo una de las cosas que Midas lamentó.

En *Historia natural,* Plinio el Viejo describe una docena de variedades de rosa, así como la mejor manera de propagarlas, plantarlas y cultivarlas. Cita treinta y dos remedios derivados de la rosa, incluyendo tratamientos para enfermedades del recto e insomnio. También sugiere carbonizar pétalos de rosa y usarlos como cosmético para las cejas.

Dioscórides da una receta para elaborar aceite de rosa en *De Materia Medica,* que requiere mil pétalos de rosa y múltiples prensados con aceite de oliva; es necesario cubrirse las manos con miel antes de remover la mezcla hacia arriba y hacia abajo. Recomienda tomar el aceite resultante por vía interna para el estreñimiento y para disolver mucosidades. Tanto Dioscórides como Plinio afirman que la rosa es un remedio eficaz contra el dolor de muelas, y estudios médicos modernos sobre el aceite de rosa confirman que es un analgésico eficaz cuando se aplica de forma tópica.

Teofrasto describe en gran detalle las partes de la rosa. Sabía que los esquejes producen plantas más rápido que las semillas y comprendía cómo el clima afecta la belleza y el aroma de las flores. En *Sobre los olores,* describe el aroma ligero pero penetrante del aceite de rosa y su uso en los perfumes más deseables. Algunas referencias a la rosa en la Grecia antigua eran menos refinadas. Los dramaturgos cómicos del siglo v a. C. usaban la palabra «rosa» como eufemismo para los genitales femeninos, y «pecho de rosa» hacía referencia a los senos de una joven.

Muchas personas hoy en día no saben que las rosas son comestibles, pero durante la Segunda Guerra Mundial, el gobierno británico pagaba a los niños para recolectar escaramujos (frutos de la rosa), que luego se procesaban para elaborar jarabe, un importante suplemento de vitamina C. Los escaramujos aún se utilizan para preparar *nyponsoppa*, una sopa tradicional sueca. Los pétalos de rosa son un ingrediente común en las cocinas de

Oriente Medio e India. La delicia turca se elabora con agua de rosas, y la mezcla de especias *ras el hanout* suele incluir pétalos de rosa secos y molidos. Si decides cocinar con pétalos de rosa, recuerda dos cosas: 1) asegúrate de no recolectarlos en lugares que puedan haber sido rociados con productos químicos tóxicos, y 2) solo los pétalos de rosa fragantes tienen sabor.

Como planta de jardín, la rosa puede ser el arbusto con flores más querido y más mimado del planeta. Y aunque el clima de Grecia es perfecto para las rosas, muchos jardineros en otras partes del mundo luchan por mantener sus rosas saludables. La alta humedad favorece la aparición de enfermedades fúngicas, y numerosos insectos aman las rosas tanto como los jardineros.

Los obtentores de plantas presentan cada año múltiples nuevos cultivares de rosa. Lamentablemente, su énfasis suele estar en la resistencia a enfermedades y en la capacidad de refloración. Por supuesto, esas son cualidades excelentes en una planta, pero en el proceso de cría, el aroma a menudo se sacrifica. ¿Y qué es una rosa sin su embriagador y seductor perfume? Afrodita no estaría complacida.

ENGAÑOS DIVINOS

Manzana

Narciso

Granada

Mirto

Manzana

Malus spp.

En las *Metamorfosis* de Ovidio, Afrodita nos habla de su bosque sagrado, donde las manzanas están hechas de oro; son irresistibles tanto para humanos como para dioses. Estas manzanas son instigadoras, ponen en marcha historias de amor, infidelidad y guerra. No son el tipo de fruta que meterías en una fiambrera.

Fijémonos en la princesa Atalanta. Su padre quería un hijo varón para heredar su reino, no una hija, así que ordenó que la abandonaran en la naturaleza, expuesta a los elementos. Rescatada por una osa y criada por cazadores, Atalanta se hizo famosa por abatir centauros lascivos, cazar bestias mitológicas y hacer brotar agua de una piedra al golpearla con su lanza.

Ovidio escribe que Atalanta recibió una profecía que le advertía que el matrimonio sería su perdición, así que renunció a los hombres, se dedicó a la virgen Artemisa, diosa de la caza, y se fue a vivir sola al bosque. Pero cuando su fama llegó a oídos de su padre, él la reclamó como su hija e insistió en que se casara.

A pesar de todo aquello de «debes morir porque eres una niña», Atalanta perdonó a su padre y aceptó casarse. Sin embargo, solo lo haría con un hombre que pudiera vencerla en una carrera. Aquel que no lo lograra debía morir. (En algunas versiones, la propia Atalanta ejecutaba a los perdedores). Pero como era una persona generosa, daba a cada pretendiente una ventaja inicial.

Varios pretendientes murieron en el intento antes de que apareciera Hipómenes. Llegó como espectador curioso, pero en cuanto vio a Atalanta, quedó prendado. Sabía que no podría superarla corriendo, así que rezó a Afrodita, diosa del amor, pidiendo ayuda. Ella le dio tres manzanas doradas de su bosque sagrado y le indicó cómo ganar a Atalanta en matrimonio.

Comenzó la carrera y Atalanta pronto tomó la delantera. Hipómenes lanzó una manzana en su camino y Atalanta se detuvo a recogerla, quedando atrás. Lo alcanzó, y él arrojó una segunda fruta dorada. De nuevo, Atalanta se retrasó, recogió la manzana y volvió a adelantar. Finalmente, Hipómenes lanzó su tercera manzana dorada. Atalanta la recogió y perdió la carrera.

¿Era simplemente una chica tonta que no podía resistirse a tres baratijas doradas? Eso no concuerda con el carácter independiente de Atalanta. Tal vez haya otra explicación.

En la antigua Grecia, la manzana a veces se consideraba un afrodisíaco con poderes mágicos. En su comedia *Las nubes*, Aristófanes utiliza la expresión «golpeado con una manzana» para describir a alguien dominado por el deseo. Así que, cuando Hipómenes lanzó las manzanas doradas de Afrodita, en realidad estaba lanzando un hechizo de amor divino sobre Atalanta. ¿Cómo podría ella resistirse?

La historia más conocida sobre manzanas doradas está relacionada con la guerra de Troya. Eris, diosa de la discordia, arrojó una manzana dorada con la inscripción «para la más hermosa» en una reunión de los dioses. Esto provocó un gran alboroto, ya que Afrodita, Hera y Atenea reclamaron el premio para sí mismas.

Ningún dios se atrevió a actuar como árbitro, así que Zeus nombró a Paris, príncipe de Troya, para tomar la decisión. Cada una de las diosas ofreció un soborno a cambio de la manzana, y Afrodita prometió a Paris la mujer más hermosa del mundo: Helena. Al parecer, nadie se detuvo a considerar que Helena ya estaba casada con Menelao de Esparta; quizá ni siquiera la propia Helena, quien huyó de Esparta con Paris y navegó hacia Troya.

¿Tuvieron elección Helena y Paris? La respuesta es no. *La Cipria,* un poema épico escrito en el siglo VI a. C., describe el rapto de Helena y establece el escenario para la *Ilíada.* Lamentablemente, ese poema ya no existe, pero por suerte el escritor griego Proclo resumió los once libros de la *Cipria* en la *Crestomatía.* Allí aprendemos que Zeus planeó la guerra de Troya con el fin de aliviar a la tierra sobrepoblada de su carga. La manzana fue una herramienta divina, concebida para sembrar el caos entre los humanos. Así como Atalanta no pudo resistirse al poder seductor de las manzanas doradas de Afrodita, Helena y Paris también fueron incapaces de cambiar su destino una vez que Zeus decidió que debía haber guerra y utilizó la manzana dorada para ponerla en marcha.

En cuanto a las manzanas comestibles (*Malus* spp.) en la antigua Grecia, probablemente no se parecían en nada al fruto grande y dulce que disfrutamos hoy en día. Aunque los griegos comerciaban con lo que llamaban manzanas dulces (similares a nuestras manzanas cultivadas), no tenían el clima adecuado para cultivarlas. Las manzanas modernas requieren entre quinientas y mil horas a temperaturas inferiores a 7 °C (45 °F) —lo que se conoce como «horas de frío»— para formar yemas florales. Esto habría sido difícil de lograr en el cálido clima de la antigua Grecia. También es la razón por la que la mayoría de las manzanas comerciales en occidente hoy en día se cultivan en climas frescos o fríos.

Lo más probable es que las manzanas que crecían en Grecia fueran manzanas silvestres (también *Malus* spp.). Las manzanas silvestres están muy estrechamente relacionadas con las manzanas comunes, pero no requieren la misma cantidad elevada de horas de frío. Sin embargo, son mucho más ácidas que las manzanas cultivadas y considerablemente más pequeñas. Por definición, las manzanas silvestres deben tener menos de cinco centímetros de diámetro.

Hoy en día, la mayoría de los jardineros considera que las manzanas silvestres son árboles ornamentales, valorados por sus flores. Pero el fruto de las variedades más grandes puede ser tan crujiente y jugoso como cualquier fruta comprada en una tienda. Las manzanas silvestres son altísimas en pectina, lo que las convierte en una excelente fruta para preparar jalea. También pueden usarse para hacer una lámina de fruta ácida y sabrosa, una compota excelente, un encurtido especiado, y se infusionan maravillosamente en bourbon. Como bien saben los recolectores, las manzanas silvestres pueden ser deliciosas, aunque, hasta ahora, nadie ha comenzado una guerra por una de ellas.

Narciso

Narcissus spp.

Cuando los jardineros modernos miran un narciso, se sienten felices y optimistas. ¡La primavera ha llegado! ¡El sol brilla! ¡El clima se vuelve cálido! Sin embargo, para los antiguos griegos, el narciso (también conocido como trompeta de Pascua o campanilla) no era un símbolo tan alegre. En la mitología griega, el narciso se asociaba con frecuencia a historias de secuestro, separación, terror, muerte y suicidio.

Perséfone era hija de Deméter (diosa de la cosecha) y Zeus (rey de los dioses). Deméter y Zeus también eran hermanos, pero los dioses tenían reglas diferentes sobre ese tipo de cosas. Un día, Perséfone estaba recogiendo flores con su grupo de ninfas cuando vio un narciso asombroso con cien flores. Al extender la mano para tomar los capullos, el suelo se abrió bajo sus pies y Hades, dios del inframundo, apareció en su carro, tomó a Perséfone y la llevó a su reino subterráneo, donde tenía la intención de convertirla en su esposa y reina de los muertos.

El seductor narciso no era una planta terrenal. Había sido creado específicamente para atraer a Perséfone lejos de sus amigas por el mismo dios que aprobó el plan de secuestro: su padre, el todopoderoso Zeus. Por suerte, en este caso Zeus no resultó ser tan todopoderoso después de todo. La madre de Perséfone,

Deméter, tenía un poder de negociación feroz de su lado, y logró que su hija regresara a la superficie al menos durante una parte del año (véase «Granada»).

Perséfone no fue la única doncella seducida por un narciso. En la historia de Europa, Zeus atrapa a la bella princesa con la misma flor. Al igual que Perséfone, Europa recogía narcisos con sus amigas. La diversión no duró mucho. Siguiendo el rastro de flores irresistibles (colocadas allí por Zeus), Europa se separó de sus compañeras, y luego fue seducida por el dios en forma de toro blanco. Él huyó con ella a través del mar hasta Creta, donde dio a luz a tres hijos, entre ellos Minos, quien se convirtió en el gobernante de la isla. En un fascinante ejemplo de karma, la esposa de Minos se enamoró de un toro real y tuvo relaciones con él, dando a luz al minotauro, una criatura mitad hombre, mitad toro. Minos encerró al minotauro en un laberinto hasta que Teseo lo mató con la ayuda de Ariadna, la hija de Minos. Todo por seguir un rastro de narcisos.

Pero eso no es todo. Las erinias (también conocidas como las furias) eran tres fieras diosas hermanas que surgieron de la sangre de Urano cuando fue castrado por su hijo Cronos. Las furias tenían la tarea de castigar a los humanos que cometían crímenes contra la naturaleza, como violar las leyes de la hospitalidad, faltar al respeto a los ancianos y cometer matricidio, parricidio o fratricidio. Enloquecían a los humanos, castigaban ciudades enteras con hambrunas y enfermedades, y torturaban a los criminales condenados al Tártaro (la parte más oscura del Hades). Llevaban serpientes en el cabello y les goteaba sangre de los ojos y, sin embargo, el narciso les era sagrado. Puede parecer una combinación discordante, pero el narciso se asociaba frecuentemente con la muerte, ya que fue instrumental en llevar a Perséfone al inframundo.

El narciso mismo lleva el nombre de un joven arrogante, hijo de la ninfa acuática Liríope. En las *Metamorfosis*, Ovidio nos cuenta que Liríope consultó al adivino Tiresias sobre el destino de su hijo Narciso. Tiresias dijo que Narciso viviría una larga vida, siempre y cuando nunca se conociera a sí mismo. Típica ambigüedad de oráculo.

Existen varias versiones de la historia del joven Narciso, y ninguna de ellas termina felizmente. En una, la ninfa Eco se enamoró de él y fue rechazada. Desconsolada, se consumió hasta no quedar nada de ella, salvo su voz. En otra versión del relato, el joven Aminias se enamoró de Narciso, y este respondió enviándole una espada con la cual Aminias se quitó la vida. Al morir, Aminias pidió a los dioses que le enseñaran una lección a Narciso. Némesis, diosa de la retribución, escuchó su petición.

Un día, Narciso pasó junto a un estanque en el bosque y se detuvo a beber agua. En las aguas quietas del estanque vio al joven más hermoso y se enamoró de inmediato. Ovidio cuenta que Narciso no se dio cuenta de que era su propio reflejo, y, al no poder apartarse del objeto de su deseo, se consumió y murió. En otra versión, él comprendió que se había enamorado de sí mismo y entendió que nunca podría consumar su pasión, por lo que se quitó la vida. En ambas historias, de su cuerpo muerto brotó la flor del narciso.

Hoy en día existen cientos de especies y cultivares de narciso, que van desde pequeñas variedades multiflorales hasta plantas de flor única con copas grandes. Algunas son discretas, en tonos amarillo pálido y blanco; otras presentan colores vivos como amarillo yema de huevo, naranja o rojo. Los narcisos son heraldos de la primavera y especialmente útiles para quienes cultivan jardines en zonas donde hay ciervos: los animales rara vez los molestan, ya que tanto sus flores como sus bulbos se consideran tóxicos.

Algunas personas cortan o atan el follaje de los narcisos cuando las plantas terminan de florecer y, aunque esto puede hacer que el jardín luzca más ordenado, no es lo mejor para la planta. Esas hojas necesitan realizar la fotosíntesis para almacenar energía para las flores del año siguiente, y al eliminar el follaje, o reducir la superficie expuesta al sol, se disminuye la cantidad de nutrientes que la planta puede producir y guardar para el futuro.

Los narcisos son plantas longevas, resistentes a plagas, con flores gloriosas que brindan gran placer a jardineros de todo el mundo. Sin secuestros, sin suicidios, sin castigos eternos. Solo fragancia y belleza.

Granada

Punica granatum

Después de que Hades secuestrara a Perséfone (véase «Narciso»), su madre, Deméter, vagó por la tierra con el corazón destrozado. Le preguntaba a cada persona que encontraba si había visto a su hija. ¿Alguien sabía adónde había ido? Los dioses del Olimpo temían traicionar a sus hermanos Hades y Zeus, pero Helios (el dios Titán del sol) había observado el secuestro desde su carro en el cielo. No tenía miedo, y le reveló la verdad a Deméter.

En su ira y dolor, Deméter, diosa de la cosecha, obligó a la tierra a sufrir con ella causando una hambruna. No permitió que germinaran las semillas, que crecieran los cultivos ni que se recogieran alimentos. Muy pronto, Zeus se dio cuenta de que si la humanidad moría de hambre no quedaría nadie que adorara a los inmortales, y le suplicó a Deméter que desistiera. Ella se negó. Y como ningún dios puede revertir la magia de otro dios (está en el reglamento), Zeus ordenó a Hades que devolviera a Perséfone a su madre para que la vida humana en la tierra pudiera continuar.

Hades no tuvo más remedio. ¿O sí? Aceptó enviarla de regreso, pero antes ideó un astuto plan para conservar la compañía de

Perséfone durante al menos una parte del año. El himno homérico a Deméter cuenta cómo Hades le dio de comer a Perséfone «una semilla de granada dulce como la miel... para que no pasara todos sus días nuevamente con la venerada Deméter, vestida de negro». Luego envió a Perséfone de regreso a la tierra. Ella no tenía idea de que aquellas semillas que había comido eran más significativas que un simple refrigerio sabroso.

Perséfone y Deméter corrieron a abrazarse. Entonces, Deméter miró a su hija a los ojos y le preguntó si había comido algo mientras estaba ausente. Deméter sabía lo que su hija no: quienes comen en el inframundo, se quedan en el inframundo. Perséfone confesó que Hades le había dado semillas de granada. No se dio cuenta de que, por cada semilla que comiera, tendría que pasar un mes bajo tierra, como reina del Hades.

Los estudiosos no se ponen de acuerdo sobre cuántas semillas comió Perséfone, pero el consenso es que ese acto es la razón por la que existe el invierno. Cuando Perséfone está bajo tierra, Deméter llora y la tierra se vuelve estéril. Cuando Perséfone regresa, la tierra vuelve a ser fértil. Bastante sencillo, pero como símbolo, la granada es compleja: con frecuencia representa ideas contradictorias o se utiliza con fines opuestos. Por ejemplo, los antiguos griegos consideraban que la granada era tanto un fruto de los muertos (responsable de la estación estéril en la tierra) como un símbolo de fecundidad (por su forma semejante a un útero y su líquido rojo sangre). Se usaba en ceremonias nupciales como símbolo esperanzador de la fertilidad de la novia y, sin embargo, Sorano de Éfeso (un médico griego del siglo II d. C.) describe seis formas de usar la granada como anticonceptivo. Desde el punto de vista medicinal, se utilizaba tanto como laxante como para curar la diarrea.

Hay múltiples historias sobre el origen de la granada. Algunos dicen que brotó de la sangre de Dioniso la primera vez que fue asesinado, o tal vez de la sangre de Adonis, quien solo murió una vez (véase «Lechuga»). Otros afirman que fue plantada por Afrodita en la isla de Chipre. Y aunque la granada fue efectivamente asociada con frecuencia a Afrodita como símbolo de la sexualidad y la fertilidad, también fue reivindicada por Hera, diosa del matrimonio, para quien la fertilidad era esencial.

Atenea y Artemisa también fueron representadas a veces con frutos de granada, aunque por razones no relacionadas con la sexualidad humana. Artemisa, como diosa de la caza, era responsable de la fertilidad y propagación de los animales. Para la guerrera Atenea, el fruto se considera un atributo de la madurez femenina. Hestia, diosa del hogar y la menos conocida de los doce olímpicos originales, llevaba pendientes de granada y repartía frutos de granada como bendiciones. Todas las diosas tenían algún tipo de relación con la granada porque todas eran inmortales y la granada era un símbolo de regeneración, es decir, un ciclo de vida que no termina. Pero, principalmente, la granada pertenece a Deméter y Perséfone. En las Tesmoforias, las mujeres casadas ayunaban comiendo solo semillas de granada mientras recreaban escenas de la historia de Perséfone y

Deméter. Si una semilla caía al suelo, no podían comerla, porque eso significaba que pertenecía a los muertos.

Hoy en día, la granada es una fruta de alta gama, muy promocionada por sus beneficios para la salud, aunque el Tribunal de Apelaciones del Circuito de los Estados Unidos para el Distrito de Columbia ha indicado a los responsables de POM Wonderful que ya no pueden afirmar que su jugo de granada reduce el riesgo de enfermedades cardíacas, cáncer de próstata y disfunción eréctil. Aunque el jugo está disponible durante todo el año, el fruto de la granada generalmente madura en otoño e invierno en el hemisferio norte.

Las granadas enanas son plantas de interior populares y florecerán bien en interiores si reciben suficiente sol. Pero a menos que se polinicen sus flores manualmente, las plantas no producirán fruto. Y aunque técnicamente comestible, el fruto de la granada enana no tiene la dulzura de su prima de mayor tamaño.

En el jardín, las granadas son plantas de pleno sol. La mayoría solo son resistentes en las zonas más cálidas y sureñas, donde se utilizan como plantas ornamentales, valoradas por sus flores y frutos. Varios cultivares nuevos desarrollados en Rusia son más tolerantes al frío, aunque pueden secarse hasta el suelo con temperaturas bajas, para rebrotar en primavera, justo como Perséfone.

Mirto

Myrtis communis

Afrodita es una diosa exigente; requiere ofrendas y adoración, y ¡ay de aquellos que la decepcionen! En el *Hipólito* de Eurípides, la diosa del amor maldice a Hipólito porque él jura permanecer virgen. Al hacerlo, insulta a Afrodita, quien entonces hace que Fedra, la madrastra de Hipólito, sienta deseo por su hijastro. Nada termina bien. Fedra se ahorca, Hipólito es asesinado por Poseidón y la tristeza lo invade todo.

Pausanias dice que en Trecén, donde tiene lugar la obra de Eurípides, hay una pista de carreras cerca de un santuario dedicado a Afrodita. Asegura que Fedra solía esconderse en el santuario para observar a Hipólito hacer ejercicio (presumiblemente desnudo, ya que así era como los griegos se ejercitaban), y que utilizaba su horquilla del pelo para perforar las hojas del mirto que crecía cerca. ¿Estaba desquitándose con una de las plantas sagradas de Afrodita por el castigo recibido, o simplemente liberaba su frustración sexual en las inocentes hojas de mirto? De cualquier forma, el follaje del mirto está efectivamente cubierto de numerosos puntitos transparentes. Estos son glándulas de aceite que producen la fragancia y el sabor por los cuales se valora la planta.

Ovidio nos cuenta que cuando Afrodita surgió desnuda del mar, nacida de los genitales cercenados de Urano, se cubrió con ramas de mirto para protegerse de las miradas lascivas de los sátiros (los sátiros eran deidades del bosque con orejas y colas de caballo o de cabra, según la versión. Estaban obsesionados con el sexo y rara vez pedían consentimiento). Ovidio también narra que Afrodita le tocó la frente con una rama de mirto para inspirarlo, y anima a las prostitutas a ofrecer mirto a la diosa para volverse encantadoras, bellas e ingeniosas.

En la *Lisístrata* de Aristófanes, las mujeres de Atenas se niegan a tener relaciones sexuales con sus maridos para poner fin a la guerra con Esparta. Una escena provocadora tiene lugar entre Mirrina (cuyo nombre significa «pequeño mirto») y su esposo. Mientras él le suplica tener relaciones, ella lo tortura fingiendo ceder, solo para prolongar la espera con una serie de maniobras altamente seductoras, y luego dejarlo plantado. Más adelante, en la misma obra, hombres de Esparta y Atenas, que apenas pueden caminar debido a sus erecciones, se quejan de que las mujeres no les permiten «tocar su mirto» hasta que la guerra termine.

En el *Banquete de los eruditos*, Ateneo cuenta una historia en la que un barco rumbo a Egipto se encuentra con una tormenta violenta y los marineros rezan a una estatua de Afrodita. Entonces, la diosa hace que de la estatua broten ramas de mirto verde. La maravillosa fragancia del mirto cura el mareo de los marineros, y el sol comienza a brillar. Cuando el barco llega a puerto sano y salvo, el capitán consagra la estatua y las ramas de mirto en el templo de Afrodita, y celebra un banquete en el templo, entregando a cada asistente una guirnalda de mirto.

Quizás sea menos conocida que la relación entre el mirto y Afrodita la relación entre el mirto y la muerte. En la obra *Electra* de Eurípides, Electra afirma que la tumba de su padre está deshonrada porque no ha sido rociada con mirto. Más tarde, un anciano leal a Agamenón, padre de Electra, coloca ramitas de mirto en su tumba. Coronas de mirto dorado de una manufactura extraordinaria han sido descubiertas por arqueólogos en múltiples yacimientos funerarios en Grecia, principalmente en Macedonia central, que datan del siglo IV a. C. Los estudiosos debaten si estas coronas se usaban para ahuyentar espíritus malignos, como símbolos de rango, o para designar al portador como alguien iniciado en los ritos de los misterios de Eleusis, los ritos sagrados que celebraban el reencuentro de Deméter y Perséfone (véase «Cebada»).

De hecho, las coronas de mirto eran usadas por sacerdotes, sacerdotisas y portadores de antorchas en los misterios de Eleusis. Los iniciados en los misterios suelen ser representados sosteniendo bastones de mirto. Parece especialmente apropiado que una planta relacionada tanto con el amor como con la muerte ocupe un lugar tan destacado en los misterios, que celebraban el amor entre Deméter y Perséfone, y prometían también una muerte más benigna (vida en el Hades) para quienes eran iniciados.

Teofrasto nos dice que tanto las hojas como los frutos del mirto se usaban para elaborar perfumes y afirma que el fruto tiene un sabor parecido al del vino. También ofrece abundantes consejos sobre cómo propagar, plantar y cultivar el mirto. En *De Materia Medica,* Dioscórides recomienda el mirto para afecciones pulmonares (si escupías sangre), para aliviar picaduras de escorpión y eliminar la caspa.

De hecho, investigaciones modernas confirman la eficacia del mirto para controlar la caspa y el picor que la acompaña. Diferentes partes de la planta también han demostrado tener propiedades antiinflamatorias, un alto contenido en antioxidantes y efectos antimicrobianos. Aunque no se usa ampliamente en la medicina occidental, la investigación continúa.

Como planta de jardín, el mirto es un árbol o arbusto perenne que normalmente alcanza unos tres metros de altura. Es resistente en las zonas de rusticidad 8-10. Sus flores son fragantes, de color blanco o rosa pálido, y miden algo más de dos centímetros y medio de diámetro, con numerosos estambres vistosos que dan a las flores un aspecto delicado y difuso. Es una planta impresionante cuando florece, digna de la hermosa Afrodita. Las flores son comestibles y pueden añadirse a ensaladas. El fruto también es comestible y constituye el ingrediente esencial del licor *mirto*, un digestivo tradicional sardo con un delicioso sabor afrutado y herbal.

Quizá la distancia entre el amor y la muerte no sea tan grande, después de todo. Fedra se quitó la vida por un amor prohibido, y los hombres de *Lisístrata* juraban que morirían si no tenían sexo de inmediato. Cuando Dioniso descendió al Hades para liberar a su madre, Sémele (véase «Higuera»), llevó mirto como regalo para intercambiarlo por su madre. Salieron del inframundo en el lo que después sería la ciudad de Trecén, donde la maldita y desesperada Fedra mutiló hojas de mirto y deseó fatalmente a su hijastro, Hipólito.

FILTROS AMOROSOS Y ASESINOS DEL DESEO

Lechuga

Sauzgatillo

Mirra

Membrillo

Lechuga

Lactuca spp.

Hoy en día, la lechuga es una hoja verde para ensaladas. Hace más de dos mil años, fue el lecho de muerte de Adonis (amante de Afrodita) y un símbolo de impotencia.

¿Por qué una planta asociada con Adonis, el más bello de los hombres y amante de la diosa del amor, era también símbolo de impotencia? Seguramente Adonis y Afrodita tenían sexo día y noche. Como ocurre con la mayoría de los mitos griegos, existen múltiples versiones de la historia, pero todas incluyen la muerte prematura de Adonis. Algunas narraciones lo describen como demasiado joven para tener barba, y Bión (un poeta bucólico del siglo II a. C.) lo llama el «esposo-niño» de Afrodita. Pero Afrodita no solo era la amante mucho mayor de Adonis; también fue responsable de su nacimiento.

Adonis fue un niño nacido del incesto, surgido del árbol de la mirra (véase «Mirra»). Su madre, Mirra, fue transformada en planta cuando suplicó ser apartada tanto del mundo de los vivos como del de los muertos, como castigo por haber seducido a su padre. Estaba profundamente avergonzada y no sabía que su comportamiento se debía a una maldición de Afrodita. Mirra estaba embarazada en el momento de su transformación, y cuando Adonis estuvo listo para nacer, emergió de la corteza del árbol.

Afrodita reclamó al pequeño Adonis y lo envió al inframundo para que fuera criado por Perséfone, esposa de Hades. Algunos dicen que lo envió allí para que nadie más pudiera ver lo hermoso que era. Cuando Afrodita fue a buscarlo, Perséfone se negó a entregarlo; se había enamorado del apuesto joven. Zeus decretó entonces que Adonis debía pasar un tercio del año con Perséfone, un tercio con Afrodita y un tercio con quien él eligiera. Adonis eligió a Afrodita (gran sorpresa), y así pasaba ocho meses al año con ella, y cuatro meses en el inframundo, un humano vivo entre los muertos.

Aunque Adonis le trajo muchas alegrías a Afrodita, también fue fuente de gran dolor. Murió aún siendo un joven, corneado por un jabalí salvaje. Algunos dicen que Ares envió al jabalí por celos. (Él y Afrodita tenían historia…). Otros afirman que el jabalí fue enviado por Apolo o Artemisa como castigo por ofensas cometidas por Afrodita contra ellos. Sea quien fuere el responsable, Adonis murió sobre un lecho de lechugas, y desde entonces, la lechuga quedó asociada con la muerte.

¿Pero por qué también fue símbolo de impotencia? Hay muchas razones:

» Adonis fue corneado en la ingle por el jabalí, lo que no solo implicaba la muerte, sino también la impotencia.
» La falta de habilidades de Adonis como cazador lo hacía parecer afeminado a los ojos de los antiguos griegos.
» Como Adonis nunca había procreado, no se lo consideraba verdaderamente viril. Safo lo describe como delicado.
» Dioscórides afirma que la lechuga es «fría» por naturaleza, es decir, nada sexy.
» Plinio el Viejo nos cuenta que un tipo de lechuga (llamada «eunuco» por los pitagóricos) apaga el apetito sexual. (Los pitagóricos creían que el sexo era una distracción que debía ser rigurosamente controlada).

Por la propiedad transitiva de la impotencia: Adonis = lechuga = poco macho.

En la comedia ateniense, los hombres griegos rechazaban la lechuga como alimento, temiendo que los dejara incapaces de rendir en la cama. Un fragmento de la comedia *Yálemo* del siglo IV a. C. (escrita por el poeta Amfis) es solo uno entre varios avisos cómicos sobre los efectos de comer lechuga en la potencia sexual.

> ***¡Una maldición sobre las lechugas destructivas! Cuando un hombre de menos de sesenta años intenta acostarse con una mujer y ha comido lechuga, pasará toda la noche dando vueltas sin cumplir ni uno solo de sus deseos, aliviando con la mano la condena que el destino le ha impuesto, en lugar de prestar sus debidos servicios.***

¿Es posible que los hombres de la antigua Grecia sintieran celos de Adonis? ¿Lo despreciaban porque era tan guapo y el amante elegido por Afrodita? ¿Deseaban en secreto poder acostarse con la diosa del amor? Mientras los hombres ridiculizaban a Adonis y se negaban a comer lechuga, las mujeres griegas antiguas consideraban que la planta no solo era útil, sino específicamente efectiva en relación con la fertilidad. Qué ironía: la misma planta que debilitaba la fertilidad masculina mejoraba la fertilidad femenina. Dioscórides la recomendaba para regular la menstruación y favorecer la lactancia. Y aunque Hebe (la diosa de la juventud) suele considerarse hija de Hera y Zeus, existe un mito alternativo que dice que, como venganza por el nacimiento de Atenea a partir de Zeus solo, Hera concibió a Hebe por su cuenta... comiendo lechuga.

En cualquier caso, la lechuga era un ingrediente esencial en los jardines de Adonis, que se plantaban durante la celebración anual de las Adonias, festividad en la que las mujeres lamentaban la muerte de Adonis. En pleno verano, sembraban semillas en recipientes de cerámica y llevaban estos jardines portátiles a sus azoteas, donde las semillas germinaban rápidamente gracias al calor y al sol intenso. Igualmente rápido, los brotes morían... también por culpa del calor y el sol. Como Adonis, que murió antes de llegar a la madurez, las plantas de los jardines en maceta no daban fruto.

La mayoría de los hombres consideraban las Adonias un desmadre licencioso, y aseguraban que solo prostitutas y cortesanas las celebraban. Ridiculizaban los jardines efímeros, al punto de acuñar el proverbio «más estéril que los jardines de Adonis». En el *Fedro* de Platón, Sócrates contrapone esos recipientes sin fruto a la agricultura seria. Considera que los jardines de Adonis eran hermosos (como el propio Adonis), pero también frívolos (de nuevo, como él).

Pero para las mujeres de Atenas, las Adonias distaban mucho de ser frívolas. La vida de las mujeres estaba básicamente restringida al hogar; si se les permitía salir, era solo para realizar ciertas tareas limitadas, como llorar en funerales públicos. Sin embargo, en el siglo VI a. C., el legislador ateniense Solón decidió que el duelo público era inapropiado para las mujeres, y limitó su papel como plañideras oficiales, aislándolas aún más. Las Adonias les permitían reunirse de nuevo, aparentemente para cumplir una función tradicionalmente femenina (el duelo), pero en realidad para encontrarse con sus vecinas, conversar y compartir confidencias. Algunos estudiosos especulan que el luto por Adonis les permitía también llorar sus propias pérdidas: padres, esposos, hijos. Celebraban la comunidad... mientras sembraban lechuga.

Hoy en día, la mayoría de los herbolarios modernos emplean extracto de lechuga (*Lactuca* spp.) como analgésico y somnífero. El medicamento se elabora mediante una doble extracción, primero en alcohol y luego en agua. Algunos pocos herbolarios todavía la consideran útil para tratar la ninfomanía y el priapismo, en un claro eco de sus usos antiguos.

Actualmente, la lechuga es una hortaliza de clima fresco, fácil de cultivar y completamente desvinculada del sexo y la impotencia. Los jardineros pueden elegir entre una hermosa lechuga de hoja roja bicolor, la resistente romana, la crujiente iceberg o variedades tradicionales como la lechuga «lengua de ciervo», por nombrar solo algunas. La lechuga madura rápidamente; la mayoría de las variedades pasan de semilla a cosecha en menos de dos meses. Pero en clima cálido se sube a flor con rapidez, volviéndose amarga y correosa, así que plántala a comienzos de la primavera y en otoño, cuando las temperaturas frescas dan como resultado un cultivo más tierno y sabroso. Luego, prepárate una deliciosa ensalada griega y recuerda al desafortunado Adonis.

Sauzgatillo

Vitex agnus-castus

El nombre lo dice casi todo, ¿verdad? Y, sin embargo, los usos del sauzgatillo en la antigua Grecia iban desde apagar el deseo sexual hasta golpear a jóvenes desnudos que intentaban robar queso. Por fascinante que suene este último escenario, empecemos por ver el sauzgatillo como un anafrodisíaco: una planta que suprime los impulsos sexuales.

Las Tesmoforias era un festival panhelénico que celebraba a Deméter, Perséfone y la fertilidad. Duraba tres días y estaba reservado exclusivamente a las mujeres casadas y ciudadanas. No se permitían niños (salvo bebés lactantes), ni vírgenes y, según la mayoría de los estudiosos, tampoco esclavas ni cortesanas. Solo se permitía la participación de mujeres sexualmente «bien portadas». Los detalles del festival se mantenían en secreto, y hoy se conoce muy poco sobre los aspectos concretos de la celebración. Sabemos que las mujeres acampaban en tiendas con mobiliario mínimo, ayunaban y participaban en ritos de obscenidad ritual, contaban chistes groseros relacionados con el sexo, por ejemplo. El objetivo era promover la fertilidad, tanto en relación con los cereales (el festival se celebraba en otoño, cuando se sembraban los cultivos de invierno), como con la familia.

Antes y durante las Tesmoforias, las mujeres se abstenían de tener relaciones sexuales. Primero, porque debían estar «puras» para honrar a las diosas, y segundo, porque muchas culturas creían que la abstinencia sexual aumentaba la fertilidad una vez terminada dicha abstinencia. El sauzgatillo también era sagrado para Hera, y como diosa del matrimonio y el parto, se lo vinculaba con la fertilidad y el sexo… dentro del matrimonio, claro.

Sin embargo, pese a esta conexión con la fertilidad, el sauzgatillo, también llamado árbol casto, se consideraba un anafrodisíaco y se usaba como tal durante las Tesmoforias. Mientras ayunaban, las mujeres se sentaban sobre esteras tejidas con ramas del árbol casto. Según Plinio el Viejo, también dormían sobre hojas del árbol. Esto no solo era un recordatorio físico de la necesidad de la castidad, sino que también se creía que la planta tenía el poder de evitar pensamientos impuros. Recordemos que los hombres atenienses de la antigüedad pensaban que sus mujeres eran una panda de lujuriosas, listas para desmelenarse en cuanto tuvieran la oportunidad. Fomentar la castidad era muy importante… al menos para los hombres.

No se oye hablar mucho de las mujeres en la cultura espartana. Se les permitía hacer ejercicio en público (desnudas, como los hombres) y competir en pruebas atléticas. Suena justo, ¿no? Pero cuando llegaban a la edad de casarse, las cosas se complicaban. Sus maridos podían «prestarlas» para tener hijos con otros hombres, y la noche de bodas incluía un secuestro ritual, afeitar la cabeza de la novia y vestirla como un hombre para esperar a su marido en la oscuridad. Después del acto, el esposo regresaba a sus barracones, visitando a su esposa ocasionalmente para tener sexo, pero continuando su vida y comidas con sus compañeros varones.

Casi todo lo que sabemos de Esparta gira en torno a sus feroces guerreros, quienes valoraban la lealtad, la capacidad de soportar el sufrimiento y el compromiso absoluto con la polis. Eran muy distintos de los atenienses, cuyas contribuciones al teatro, la retórica y la filosofía aún se reconocen hoy. Los espartanos eran hombres de acción, no de palabras, y sus costumbres a menudo parecen extrañas y a veces crueles. Tomemos, por ejemplo, su ritual anual de flagelación de jóvenes.

Jenofonte nos cuenta que a los chicos espartanos se les daba solo una prenda de vestir al año, lo cual podría explicar por qué pasaban tanto tiempo desnudos. También se los animaba a robar comida, no solo porque la dieta era escasa por decreto, sino porque saber saquear al enemigo era una habilidad valiosa. En *Moralia*, Plutarco describe las costumbres espartanas, incluyendo cómo los adolescentes eran azotados en el altar de Artemisa Ortia (una versión espartana especial de Artemisa), compitiendo por ver quién podía soportar más golpes. Si combinamos el robo con la flagelación, llegamos a «golpear a jóvenes desnudos que robaban quesos».

En el santuario de Artemisa Ortia en Esparta, se apilaban quesos sobre el altar, custodiados por hombres adultos armados con látigos hechos de ramas del árbol casto. Las ramas de sauzgatillo son delgadas y flexibles; son excelentes varas para azotar. Los adolescentes robaban todo el queso que podían, mientras eran perseguidos y flagelados por sus mayores. El castigo no se aplicaba por el robo en sí, sino por robar mal, con el objetivo de enseñar a los jóvenes a convertirse en mejores ladrones.

La flexibilidad de las ramas del árbol casto no solo las hacía perfectas para azotar, sino también muy útiles como ataduras, como cuando Apolo intentó atar al joven Hermes (quien le había robado el ganado), o cuando Odiseo ató a sus hombres bajo las ovejas del cíclope para escapar de su cueva (véase «Olivo»), o cuando los piratas intentaron encadenar a Dioniso (véase «Hiedra») en su fallido intento de secuestro.

Pero el sauzgatillo servía por mucho más que sus ramas. Plinio el Viejo enumera treinta y tres remedios elaborados a partir de esta planta, incluyendo un tratamiento para los gases, un antídoto contra venenos de serpiente y araña, y un eliminador de pecas. En *De Materia Médica*, Dioscórides describe la semilla como similar a la pimienta. Sugiere que ayuda con la lactancia y el flujo menstrual, e Hipócrates propone múltiples usos para favorecer la concepción, que era la tarea más importante asignada a las mujeres en la antigua Grecia. Hoy en día, los usos medicinales del árbol casto están principalmente relacionados con la biología femenina. Los herbolarios pueden recetarlo para aliviar síntomas del síndrome premenstrual y la menopausia, aunque hasta el momento no existen ensayos clínicos amplios y controlados que confirmen su eficacia en estas áreas.

El sauzgatillo es una planta ornamental encantadora, con espigas de flores moradas y un porte arbustivo. Es resistente hasta la zona de rusticidad 7, y puede sobrevivir en la zona 6 con protección invernal. Desafortunadamente, sus hojas se parecen mucho a las del cannabis, y abundan las historias en la comunidad horticultural sobre ciudadanos preocupados que denuncian a sus vecinos, quienes despiertan para encontrar a la policía en su jardín, armada con tijeras de podar y palas. Al menos no hay chicos desnudos robando quesos en el patio trasero. Eso sí que sería difícil de explicar.

Mirra

Commiphora myrrha

Como ocurre con muchos mitos griegos, existen varias versiones de la historia de Mirra, pero ninguna termina bien. Al menos, no para Mirra. Aunque los narradores no se ponen de acuerdo sobre si nació en Chipre o en Asiria, ni sobre si su nombre era Mirra o Esmirna, todos coinciden en que era una joven hermosa y que fue su madre o su padre quien enfureció a Afrodita al jactarse de que Mirra era más bella que la diosa. ¿Acaso iba Mirra por ahí agitando el cabello y diciéndole a todo el mundo lo guapa que era? No, en absoluto. Pero cuando los dioses se enfadan, no dudan en castigar a lo grande; y Mirra pagó un precio terrible por la arrogancia de sus padres.

Muchos pretendientes pidieron la mano de Mirra, pero ella los rechazó a todos, ya que la maldición de Afrodita la había hecho enamorarse de su propio padre, Ciniras. En la versión de Ovidio, fue una de las erinias quien maldijo a Mirra, no Afrodita. Pero Ovidio no da ninguna razón por la cual las erinias estarían enfadadas con Mirra, así que vamos a culpar a Afrodita, que nunca toleró la competencia.

La propia Mirra se horrorizaba de sus sentimientos lujuriosos hacia su padre. Se reprochaba a sí misma por ser perversa, por sentirse como una prostituta, y llegó a plantearse huir del país.

Finalmente, decidió suicidarse. Pero justo cuando estaba a punto de colocarse la soga al cuello, su nodriza le arrancó la cuerda. La mujer adivinó enseguida que Mirra estaba enamorada, pero Mirra se negó a decir el nombre del hombre que deseaba.

Cuando finalmente la nodriza comprendió que Mirra estaba enamorada de su propio padre, trató desesperadamente de disuadirla. Ninguna de las dos sabía que esto era consecuencia de la maldición de Afrodita, pero aunque lo hubieran sabido, no habría cambiado nada. ¿Desde cuándo la diosa del amor atiende a razones? Mirra tenía dos opciones: matarse… o acostarse con su padre. El amor que la nodriza sentía por ella superó su repulsión por el incesto, y decidió facilitar el encuentro.

Durante las Tesmoforias, a las mujeres casadas se les prohibía acostarse con sus maridos durante nueve días, y la madre de Mirra se había apartado del lecho conyugal durante ese tiempo. La nodriza se acercó a Ciniras y le explicó que conocía a una joven perdidamente enamorada de él. Para ocultar la identidad de Mirra, la llevó a la cama de su padre en completa oscuridad, donde consumaron el acto. Esto se repitió durante varias noches hasta que la curiosidad de Ciniras pudo más y encendió una lámpara. Cuando vio que su amante era su propia hija, desenvainó la espada y la persiguió en la oscuridad de la noche.

Mirra huyó de su hogar, cruzando Arabia, embarazada del hijo de su propio padre. Suplicó a los dioses que la ayudaran, rogó ser apartada tanto del mundo de los vivos como del mundo de los muertos, para que su crimen no avergonzara a ninguno de los dos. Algunos dicen que Afrodita tuvo compasión de Mirra, aunque más a menudo se contaba que una deidad sin nombre escuchó sus súplicas y la transformó en el árbol de la mirra. Las lágrimas de Mirra son las gotas resinosas que exuda el árbol, y que nos dan la fragante mirra. Y el hijo de Mirra, Adonis, nació del cuerpo del árbol.

En la antigüedad, se consideraba que la mirra era especialmente útil para provocar visiones y sueños proféticos. Los papiros mágicos griegos son un conjunto de documentos encontrados en Egipto, escritos principalmente en griego antiguo entre el 200 a. C. y el 400 d. C. Contienen recetas de hechizos mágicos para inducir visiones, estados extáticos, profecías, comunicación con los dioses y para atraer amantes. Muchos de estos conjuros incluyen mirra, que se consume, se quema como incienso o se aplica sobre el cuerpo.

Hoy en día, la mirra es más conocida por su papel en el Nuevo Testamento como regalo de bienvenida al recién nacido Jesús. No crecía en Grecia, pero era un producto valioso que se importaba de lo que hoy conocemos como Yemen y Somalia. Como la planta es difícil de cultivar fuera de su entorno nativo, la oferta de mirra siempre ha sido limitada. Esta escasez, sumada a su reputación de panacea, convirtió a la mirra en una mercancía preciosa.

Históricamente, la mirra se ha utilizado en la alimentación, como medicina, en embalsamamientos, como fragancia y como incienso. Hoy en día, la mirra se emplea en pastas dentales, inciensos, cosméticos y analgésicos. Incluso se está estudiando para su uso en quimioterapia y en la cicatrización de heridas, debido a sus propiedades antisépticas y antitumorales. La mirra se cosecha todavía de la misma manera que hace milenios: se hacen incisiones en las ramas y el tronco para permitir que el látex gomoso salga, y luego se endurezca en forma de bolitas translúcidas y fragantes de resina.

Debido a sus requisitos de cultivo tan específicos, la mirra nunca ha sido una planta de jardín exitosa. Algunas personas la cultivan hoy como planta de interior, con mayor frecuencia como bonsái, donde se valora su forma retorcida y espinosa como elemento ornamental. La mirra es extremadamente exigente con el riego; no es una planta para principiantes.

Pobre Mirra, nunca tuvo una oportunidad. Pero la vengativa Afrodita tampoco salió ilesa. Eventualmente se enamoró perdidamente de Adonis (véase «Lechuga»), y su corazón se rompió cuando él murió siendo aún joven. Algunos dirían que Afrodita recibió lo que se merecía.

Membrillo

Cydonia oblonga

Reconocerías un membrillo si lo vieras? Hoy en día, el membrillo es una fruta exótica y poco común, pero en la antigua Grecia era apreciado como alimento, como artículo valioso de comercio, como afrodisíaco y como objeto central en varios mitos bien conocidos. De hecho, el membrillo podría haber sido la «manzana de oro» que desencadenó la guerra de Troya (véase «Manzana»). «¿Cómo es eso?», te preguntarás. Pues bien, es un miembro de la familia de las rosáceas (como la manzana), siempre es de color dorado (a diferencia de las manzanas, que pueden ser amarillas, verdes o, más comúnmente, rojas), y además se adapta mucho mejor al clima de Grecia que la manzana.

¿Necesitas más pruebas? Mientras que la palabra *μηλο* (pronunciado *mílo*) significa «manzana» en griego moderno, no era así en el griego antiguo. En griego antiguo, *μηλον (mélon)* se usaba para referirse a cualquier fruto de árbol que no fuera nuez, del mismo modo que la palabra «corn» en inglés británico antiguamente significaba «cualquier grano», no solo maíz. Por tanto, traducir el antiguo *μήλου* como «manzana» puede no ser siempre correcto.

Para su undécimo trabajo, Heracles recibió la tarea de recuperar el fruto dorado del Jardín de las Hespérides, en el límite del mundo conocido. Los árboles habían sido un regalo de bodas de Gea (la Madre Tierra) para Hera y Zeus, y estaban custodiados por Atlas, sus hijas y un feroz dragón. Algunos estudiosos afirman que estos frutos dorados eran cítricos, quizá porque la palabra para «cítrico» en griego moderno es casi idéntica a la palabra para «Hespérides», y eso recuerda al jardín donde crecía el fruto dorado. Sin embargo, los cítricos eran desconocidos en Grecia hasta que Alejandro los trajo desde Mesopotamia, varios siglos después de que los mitos originales sobre el fruto dorado fueran registrados. Hoy, la mayoría de los filólogos clásicos coincide en que ese fruto dorado era, en realidad, el membrillo.

Cuando Heracles liberó a Prometeo de su tortura milenaria (véase «Hinojo»), Prometeo le agradeció revelándole cómo obtener el fruto dorado y así cumplir su undécimo trabajo. Primero debía encontrar a Atlas, quien sostenía el mundo sobre sus hombros justo al otro lado de los muros del jardín. Heracles cargaría el mundo por él, mientras Atlas entraba al jardín y recogía el fruto dorado. Todo salió según lo previsto... hasta que Atlas se dio cuenta de que había sido liberado de una carga espantosa; una que no tenía ninguna prisa por volver a cargar. Ofreció llevar el fruto a su destino por Heracles. Este fingió aceptar, pero le pidió a Atlas que sostuviera el mundo un minuto más, para poder ajustar su manto y amortiguar el hombro. Cuando Atlas tomó de nuevo el mundo, Heracles recogió el fruto y se marchó.

Además de estar consagrado a Hera, el membrillo también era sagrado para Afrodita, principalmente porque pudo haber sido la famosa manzana de oro que provocó la guerra de Troya. Como fruto de árbol con muchas semillas, también se consideraba un símbolo de fertilidad, y era conocido por su fragancia y sabor dulces, cualidades que los griegos creían que le otorgaban poderes afrodisíacos. En *Moralia*, Plutarco cuenta que Solón instruía a las novias a morder un membrillo antes de meterse en la cama en su noche de bodas, para endulzar su aliento y resultar más atractivas a sus nuevos esposos.

En la historia de Cídipe y Aconcio, el membrillo se utilizó para forzar a una amante reticente a aceptar una propuesta de

matrimonio no deseada. Para Aconcio fue amor a primera vista, pero no para Cídipe. Aconcio, un acosador en toda regla según su propia confesión, siguió a Cídipe y a su nodriza cuando entraron al templo de Artemisa. Tomó un membrillo de un árbol cercano y escribió sobre él: «Por Artemisa, me casaré con Aconcio». Luego arrojó el fruto al interior del templo, donde la nodriza lo recogió. Pero como no sabía leer, se lo entregó a Cídipe, quien leyó la inscripción en voz alta. Como estaba dentro de un templo sagrado, sus palabras se consideraron un voto sagrado.

Pero Cídipe ya estaba prometida. Cayó enferma el día de su boda, y la ceremonia tuvo que posponerse. Esto se repitió una y otra vez, y tras la tercera ocasión, el padre de Cídipe consultó al oráculo de Delfos. El oráculo le dijo que Artemisa estaba castigando a su hija por romper su voto, y que debía casarse con Aconcio. Al parecer, la promesa hecha al prometido original no contaba, ya que no se había pronunciado en un lugar sagrado.

Ovidio retoma la historia en *Heroidas*, donde escribió cartas imaginarias entre Cídipe y Aconcio. En ellas, Aconcio aplica la clásica táctica de culpar a la víctima, alegando que si hizo algo mal fue culpa de Cídipe por ser tan hermosa. Llega incluso a amenazar con tomarla por la fuerza y, al final, Cídipe cede. Aconcio no parece preocupado en lo más mínimo por el hecho de que su amor no sea correspondido: «Regaña y enfádate cuanto quieras, con tal de que me dejes disfrutarte mientras estás enfadada». Qué romántico.

Los primeros indicios de cultivo de membrillo en Grecia datan del año 600 a. C., en el puerto de Cidonia (la actual La Canea), en la costa noroeste de Creta. La fruta se conocía como «manzana de Cidonia», y algunos historiadores creen que recibió su nombre por dicha ciudad portuaria, que servía como punto clave para la exportación del fruto a toda Europa.

Entonces, ¿cómo es posible que una fruta tan deliciosa y con una historia tan fascinante haya caído en el olvido? Tal vez sea por su apariencia: grande, abultada y cubierta inicialmente de una pelusa blanca, que desaparece al madurar. O quizá sea por la dificultad de lograr que el membrillo madure fuera de su hábitat natural. En climas cálidos y con estaciones de cultivo largas, los membrillos pueden madurar hasta volverse suaves y agradables para comer crudos. Pero en climas más fríos, a menudo no tienen tiempo de madurar completamente antes de las heladas. Estos membrillos son duros y muy ácidos, por lo que deben cocinarse para volverse comestibles.

Los membrilleros producen flores fragantes de color rosa pálido a comienzos de la primavera; en algunas zonas pueden requerir protección contra las heladas tardías. Crecen mejor a pleno sol, en suelos fértiles, húmedos y bien drenados. Deja los frutos en el árbol el mayor tiempo posible, permitiendo que cambien de verde a amarillo y que desaparezca la pelusa. Si amenaza una helada, recoge aquellos que estén casi maduros y déjalos terminar de madurar en la encimera de la cocina, pero solo si ya muestran algo de color amarillo. Los membrillos completamente verdes no maduran fuera del árbol.

Es cierto, el membrillo requiere más trabajo que una manzana común para volverse sabroso. Pero un membrillo bien maduro vale el esfuerzo. Incluso si no piensas usarlo para atrapar a un amante en contra de su voluntad.

Epílogo

Por qué estas historias son tan memorables? ¿Será que deseamos que realmente existiera una fruta capaz de hacernos olvidar nuestras penas, nuestros miedos, nuestros remordimientos? ¿Nos gustaría usar cannabis para comunicarnos con los muertos? ¿Decirle a mamá que la echamos de menos? ¿A papá que estamos agradecidos por todo lo que hizo por nosotros? ¿Son posibles estas cosas? En realidad, no. Pero es divertido imaginar cómo sería tener acceso a los poderes mágicos de estas plantas míticas.

¿De verdad hubo doce dioses olímpicos con forma humana viviendo en la cima del monte Olimpo? He estado allí y puedo informar que solo vi a unos pocos excursionistas y a un perro salchicha asombrosamente ágil. La mitología no es real, pero en su mejor versión contiene elementos de verdad, y por eso permanece con nosotros. Puede que nunca tengamos que llevar una brasa encendida en una rama de hinojo, pero una vez que ves esa planta en la naturaleza y conoces la historia de Prometeo, piensas: «Sí, veo cómo eso podría funcionar». La historia hace que la lección perdure.

Entonces, ¿qué harás con lo que has aprendido? ¿Te convertirás en herbolario y usarás hojas de mirto para controlar la caspa? ¿Recordarás la lección de Baucis y Filemón y siempre darás la bienvenida a un desconocido necesitado? ¿Le explicarás a tus hijos que Shakespeare se inspiró en la historia de Píramo y Tisbe cuando escribió *Romeo y Julieta?*

En realidad, no tienes que hacer nada. Estas historias tienen vida propia, y una vez que las escuchas, son difíciles de olvidar. Brotan cuando recoges lechuga fresca del huerto o cuando saboreas un retsina con aroma a pino en un caluroso día de verano. Los jardines de los dioses siguen vivos después de miles de años. Sobreviven en el arte, en la mitología y en nuestra imaginación. Igual que las lecciones que nos dejan las plantas míticas.

APÉNDICE

Autores de la Antigüedad

La siguiente lista no está en absoluto completa, pero incluye a todos los autores mencionados en Plantas míticas. *Las fechas son aproximadas.*

Esquilo (circa 524-456 a. C.): dramaturgo trágico griego llamado a veces el padre de la tragedia; autor de la *Oresteia,* y *Prometeo Encadenado,* entre otras.

Anfis (siglo IV a. C.): dramaturgo cómico ateniense; solo se conservan fragmentos de su obra.

Anacreontea, la (siglo I a. C.-siglos V-VI d. C.): conjunto de poemas líricos compuestos al estilo de Anacreonte, poeta lírico griego de los siglos VI-V a. C. que escribió principalmente sobre el amor y el vino.

Apolonio de Rodas (primera mitad del siglo III a. C.): autor griego de poesía épica, conocido sobre todo por la *Argonautica.*

Apuleyo (siglo II d.C.): escritor y filósofo latino, autor de *El asno de oro.*

Aristófanes (444-386 a. C.): dramaturgo griego de la Comedia Antigua (fase inicial de la comedia griega), especialmente conocido por su sátira política y sus insinuaciones seriamente subidas de tono; autor de *Lisístrata, Paz,* y *Las nubes,* entre otras.

Aristóteles (384-322 a. C.): filósofo griego que también escribió sobre ciencias naturales, entre ellas *Historia de los animales.*

Ateneo (siglos II-III d. C.): autor griego del *Banquete de los eruditos,* es decir, los filósofos de la mesa; la obra hace referencia y cita a múltiples autores antiguos cuyas obras no han sobrevivido en ninguna otra forma.

Bion (siglos II a I a. C.): poeta pastoril griego; solo se conserva un poema completo suyo, y es una belleza: «Lamento por Adonis».

Calímaco (siglo III a. C.): poeta griego de Alejandría de Egipto, autor de un «Himno a Deméter».

Clemente de Alejandría (circa 150-215 d. C.): teólogo y proselitista cristiano primitivo, venerado como santo por algunas confesiones cristianas (pero no por todas).

Diodoro Sículo (siglo I a. C.): historiador griego, autor de la *Bibliotheka Historica* (también conocida como *Biblioteca de la Historia)*, que abarca más de un milenio de historia; se conserva menos de la mitad de esta obra.

Dioscórides (40-90 d. C.): médico griego; autor de *De Materia Medica*, enciclopedia de medicina en cinco volúmenes.

Eurípides (484-406 a. C.): dramaturgo griego, conocido sobre todo por sus tragedias, como *Hipólito* y *Las Bacantes*, entre otras.

Graves, Robert (1895-1985): traductor de griego antiguo y latín; autor de *Los mitos griegos.*

Heródoto (484-425 a. C.): historiador griego; autor de la *Historia*, relato de la guerra de Persia.

Hesíodo (circa 750-650 a. C.): poeta griego; autor de *Teogonía* y *Trabajos y días.*

Hipócrates (circa 460-370 a. C.): médico griego llamado a veces el padre de la medicina; los *Tratados hipocráticos (Corpus Hippocraticum)* incluyen muchas obras que ahora se considera que fueron escritas por otros en fechas posteriores, así como algunas atribuidas al propio Hipócrates.

Homero (finales del siglo VIII a. C.): poeta griego de tradición oral; autor de la *Ilíada* y la *Odisea*; algunos estudiosos creen que estos dos poemas épicos pueden haber sido escritos por dos autores diferentes.

Higino (circa 1-100 d. C.): autor latino de las *Fábulas*, una colección de aproximadamente trescientos mitos.

Linnaeus, Carl (1707-1778): biólogo y médico sueco; más conocido por formalizar el sistema binomial latino de taxonomía utilizado hoy en día.

Menandro (circa 342-290 a. C.): escritor griego de la Nueva Comedia (visión ligeramente satírica de la sociedad ateniense contemporánea); ninguna de sus obras se conserva completa.

Nicandro de Colofón (siglo II a. C.): poeta griego que escribió sobre animales venenosos, venenos y sus antídotos; más conocido por su obra *Theriaka y Alexipharmaka.*

Nono de Panópolis (siglo V d. C.): poeta épico griego más conocido como autor de la *Dionisíaca*, un poema épico sobre Dioniso.

Ovidio (43 a. C.-circa 17 d. C.): poeta romano que escribió extensamente sobre la mitología griega; más conocido por *Metamorfosis* y *Fastos.*

Pausanias (110-180 d. C.): geógrafo griego y autor de la *Descripción de Grecia*, que describe la Grecia antigua a partir de la observación de primera mano.

Platón (428-347 a. C.): filósofo griego, alumno de Sócrates y maestro de Aristóteles; conocido sobre todo por la *República*, el *Fedón* y las *Leyes*, entre otras obras.

Plinio el Viejo (23-79 d. C.): naturalista romano, filósofo y autor de *Historia Natural,* enciclopedia de conocimientos generales; Plinio murió al intentar rescatar a un amigo de la erupción del Vesubio.

Plutarco (46-119 d. C.): filósofo y biógrafo griego; conocido sobre todo por *Moralia* y *Vidas paralelas*, esta última una colección de biografías de romanos y griegos famosos.

Pollen, Michael (1955–): autor de *This Is Your Mind on Plants.*

Proclo (circa 410-485 d. C.): filósofo griego; conocido principalmente por sus comentarios sobre filósofos anteriores y por su *Crestomatía*, una colección de poemas épicos relacionados con la guerra de Troya.

Rowling, J. K. (1965–): autora de la saga *Harry Potter.*

Safo (circa 630-570 a. C.): poetisa lírica griega de la isla de Lesbos cuya obra se conserva principalmente en fragmentos; es conocida sobre todo por su poesía amorosa.

Servio (siglo IV d. C.): autor latino más conocido por su comentario sobre Virgilio.

Sófocles (hacia 497-406 a. C.): dramaturgo trágico griego, el más célebre de su época; autor de *Antígona*, *Edipo Rey* y *Electra*, entre otras.

Sorano de Éfeso (siglos I-II d. C.): médico griego; conocido por su tratado de ginecología.

Estacio (siglo I d. C.): autor romano de la *Aquileida*, poema épico inacabado sobre Aquiles.

Teofrasto (371-287 a. C.): filósofo griego y padre de la botánica, que escribió extensamente sobre la clasificación, descripciones, usos y hábitos de crecimiento de las plantas; más conocido por *Investigación sobre las plantas.*

Tucídides (hacia 460-400 a. C.): historiador griego y autor de la *Historia de la guerra del Peloponeso,* que describe la famosa guerra entre Atenas y Esparta.

Virgilio (70-19 a. C.): poeta romano y autor del poema épico la *Eneida.*

Jenofonte (circa 430-355 a. C.): líder militar e historiador griego; es conocido sobre todo por sus escritos históricos, que incluyen gran parte de las tradiciones espartanas.

AGRADECIMIENTOS

Como siempre, gracias a Michael y Elizabeth por la interminable lectura de múltiples borradores, y por sus firmes, inteligentes y siempre amables sugerencias. Y gracias a Emma Malinasky, mi tutora de griego antiguo, por su ayuda con las traducciones y los momentos de epifanía. Muchas gracias también a mi agente, Michelle Tessler, por encontrar un hogar para este libro, y a mi editora, Mary Ellen O'Neill, y a su ayudante, Julia Perry, por su experta orientación a lo largo del proceso editorial. Gracias a Lisel Ashlock, una ilustradora brillante, que combina realidad y fantasía en las proporciones justas para un libro sobre plantas en la mitología. Y mucho agradecimiento a Reagan Ruff, por reunirlo todo en este hermoso paquete que tienes en tus manos.